G. H. A. KRÖHNKES TASCHENBUCH ZUM ABSTECKEN VON BÖGEN AUF EISENBAHN- UND WEGLINIEN

SECHZEHNTE AUFLAGE

BEARBEITET VON

R. SEIFERT

REGIERUNGS- UND BAURAT

MIT 15 ABBILDUNGEN

1923

Springer Fachmedien Wiesbaden GmbH

ISBN 978-3-663-15239-2   ISBN 978-3-663-15803-5 (eBook)
DOI 10.1007/978-3-663-15803-5

**ALLE RECHTE,
EINSCHLIESSLICH DES ÜBERSETZUNGSRECHTS, VORBEHALTEN**

Aus der Vorrede
der ersten Ausgabe von 1851.

Wenn gleich schon früher ein paar Handbücher
erschienen, welche einem lange gefühlten Bedürfnis
nach umfassenden und genauen Tabellen zum Bogen-
abstecken abhelfen und den Ingenieur in den Stand
setzen sollten, sich der unangenehmen und zeitrauben-
den Berechnungen zu entäußern, so mußte man sich
doch bei einer genaueren Durchsicht und beim Ge-
brauche dieser Werke überzeugen, daß nicht allen
Ansprüchen, welche man an ein solches zu machen
berechtigt ist, Genüge geleistet sei.

Diesen Ansprüchen vollständig zu genügen, war
meine Aufgabe bei Abfassung des nachstehenden Werk-
chens, welches manchem Praktiker, wie ich hoffen darf,
nicht unwillkommen sein wird...

Das Werk soll sich möglichst an die Praxis selbst
anschließen, d. h. seine Daten für dieselbe möglichst
bequem machen. Da es nun bei der Berechnung von
Erdmassen für eine zu erbauende Eisenbahn- oder
Wegestrecke sehr erleichternd ist, die Entfernungen
der einzelnen Stationen, in welchen man Querprofile
nimmt, gleich groß zu nehmen, und dieses Entfernungs-
maß, welches den Multiplikator der Querprofile bildet,
für diese Multiplikation möglichst angenehm zu machen,

so habe ich die Bogenpunkte, welche man mittels der Absteckung nach diesen Tabellen erhält, 1, 5, 10, 50 oder 100 Maßeinheiten, je nach der Größe des Radius, voneinander entfernt genommen.

Aus dem Vorwort zur neunten Auflage von 1875.

Mein Büchlein erscheint diesmal in fast ganz neuer Gestalt. Namentlich erschien es wünschenswert, die Abstecktabelle II auf eine größere Anzahl von Radien erweitert zu sehen.... Die Radien steigen nämlich von 20 bis 50 um je 1; von 50 bis 100 um je 2; von 100 bis 480 um je 10; von 480 bis 960 um je 20; von 1000 bis 5000 um je 100 und von 5000 bis 10000 um je 200 — die Abstände der Bogenpunkte sind bis zum Radius = 98 zu 5, für die Radien von 100 bis 960 zu 10, von 1000 bis 5000 zu 50 und von 5000 bis 10000 zu 100 genommen.

Um ohne Vergrößerung des Umfanges unseres Buches den nötigen Raum für die viel umfangreicheren Tabellen zum Abstecken zu erhalten, ist... die Tabelle I so weit eingeschränkt, daß die Bogenfunktionen nur von 10 zu 10 Minuten — anstatt früher von 2 zu 2 — gegeben sind. Bei genauer Prüfung wird man finden, daß man die zwischenliegenden Werte noch für die Praxis ausreichend genau erhält, da der größte mögliche Fehler nicht den Wert von 0,01 Meter übersteigt

Auch ist die Rechnung leicht und ohne Hilfe von Differenzentafeln auszuführen. . . .

Mit diesen Änderungen hoffe ich das Büchlein wesentlich verbessert und dem Praktiker noch willkommener gemacht zu haben. Auch ist auf die Berechnung der neuen Tabellen wiederum die größte Sorgfalt verwendet und die Richtigkeit der gegebenen Werte durch Reihenentwickelung geprüft, so daß bei der Berechnung kaum ein Fehler durchgeschlüpft sein kann. Auch auf die Korrektur wird die äußerste Sorgfalt verwendet werden und demzufolge hoffentlich kein Fehler sich einschleichen. Sollte dies wider Erwarten dennoch der Fall sein, so werden Verfasser wie Verleger sehr dankbar sein, wenn man sich der Mühe unterziehen möchte, einen von uns darauf aufmerksam zu machen, damit bei der nächsten Auflage eine Berichtigung eintreten kann.

Geschrieben im November 1875.

Der Verfasser.

Vorwort zur fünfzehnten Auflage.

Das Kröhnkesche „Handbuch" ist durch eine längere Reihe von Auflagen unverändert geblieben und in seiner Gestalt so eingebürgert, daß ich bei Durchsicht der fünfzehnten Auflage nur zögernd an eine eingreifende Umarbeitung herangetreten bin. Sie schien mir indessen unerläßlich.

Die Einleitung wurde gänzlich neu gefaßt. Sie enthält eine Erörterung der vorkommenden mathematischen Beziehungen so ausreichend, um auch in eigenartigen Fällen die Absteckung von Bögen durchführen zu können, ohne zu umfangreichen Lehrbüchern, die man im Felde ja nicht zur Hand hat, greifen zu müssen. Dabei sind auch die einfacheren Fälle der Korbbögen und der Übergangsbögen nach der kubischen Parabel in Eisenbahnlinien betrachtet.

Die Bestimmung des Winkels der Tangenten ist entsprechend der für die Bogenabsteckung erforderlichen Genauigkeit wesentlich kürzer als in früheren Auflagen behandelt; ebenso sind die Verfahren der Prüfung und Berichtigung des Theodoliten nur soweit es der vorliegende Zweck erfordert, aufgenommen.

Dagegen schien ein kurzer Hinweis auf die Verfahren der Absteckung mit Peripheriewinkeln und die dabei verwendeten Spiegel- oder Prismengeräte angebracht, da sie für vorläufige Absteckungen, Wegeabsteckungen u. dgl. von Nutzen sind. Die Zahlentafeln sind dabei nur für die Bestimmung der Tangentenlängen usw. nötig.

Die Winkelbestimmung mittels Dreiecksmessung und der Zahlentafel I ist neu aufgenommen.

Die nötigen Abbildungen sind dem Text eingefügt, da besondere Figurentafeln im Felde unhandlich sind.

Die Zahlentafel I ist bis auf den Kopf und die Anordnung des Drucks unverändert geblieben. Es soll nicht verkannt werden, daß sich durch Teilung in Stufen von 2 Minuten, wie sie in der ersten bis achten Auflage durchgeführt war, manche — aber auch nur manche — Zwischenrechnung erspart würde; der erreichte Gewinn schien aber durch die Vermehrung des Umfangs der Zahlentafel I auf das fünffache zu teuer erkauft, während doch in der Genauigkeit kein praktischer Gewinn zu verzeichnen wäre.

Bei der Zahlentafel II konnte eine ganz erhebliche Kürzung dadurch erzielt werden, daß alle Ordinaten über 100 m Länge weggelassen sind. Für den Gebrauch im Felde kommen Ordinaten über 100 m kaum je in Frage; ganz überwiegend wird man schon bei Längen über 40 bis 50 m Zwischentangenten anwenden, wodurch die Messung bequemer wird und die Ungenauigkeit langer Lote entfällt. Der Druck wurde auch hier durch Offenhaltung von Lücken leichter lesbar gestaltet.

Die Zahlentafel III ist bis auf kleine Änderungen im Druck unverändert geblieben.

Durch die vorgenommenen Veränderungen hoffe ich die Brauchbarkeit des „Taschenbuchs" erhöht zu haben, ohne von seiner bewährten Gesamtanordnung abzuweichen.

Herr Prof. Dr. Oertel von der Technischen Hochschule in Hannover hat mir manche wertvolle Anregung für die Neubearbeitung gegeben, wofür ich ihm an dieser Stelle verbindlichst danke.

Minden i. W., Mai 1911.

R. Seifert
Regierungsbaumeister.

Vorwort zur sechzehnten Auflage.

An der allgemeinen Anordnung der Zahlentafeln und der erläuternden Einführung ist nichts gegenüber der fünfzehnten Auflage geändert worden, da sie die allgemeine Zustimmung der Benutzer gefunden hatte. Alle Vorschläge für Verbesserungen aus dem Gebrauch heraus sowie Hinweise auf etwaige Druckfehler werden wie bisher dankbar entgegengenommen und sorgsam geprüft werden.

Berlin, Januar 1923.   R. Seifert
                                   Regierungs- und Baurat

Inhaltsverzeichnis.

	Seite
Einleitung.	1
A. Absteckung von Kreisbögen	1
I. Messung des Winkels	1—2
II. Bestimmung des Bogenanfangs und Bogenendes und Versicherung der Absteckung	3—5
III. Absteckung der Bogenpunkte.	6—14
B. Absteckung von Korbbögen.	14—16
C. Absteckung von Übergangsbögen für Eisenbahnlinien.	16—22
D. Der Theodolit	22—26
E. Bestimmung des Schnittwinkels zweier Richtungen ohne Theodoliten. . .	26—29
F. Zahlenbeispiele für den Gebrauch der Zahlentafeln I, II, III.	29—37
Zahlentafel I.	38—62
Zahlentafel II	63—104
Zahlentafel III	105—119

Einleitung.

Die in diesem Buch gegebenen Zahlentafeln sollen das Abstecken von Kreisbögen und Korbbögen für Wege-, Eisenbahn- und Kanallinien und von Übergangsbögen für Eisenbahnlinien erleichtern. In erster Reihe ist dabei das Verfahren berücksichtigt, die Bogenpunkte mittels rechtwinkliger Koordinaten von der Tangente aus einzumessen; die Abszissen der Bogenpunkte sind so gewählt, daß sich gleiche Bogenlängen b ergeben, die der Stationierung entsprechen. Da jedoch ein Verfahren zuweilen nicht oder nur schwer zum Ziele führt, so sind in die nachstehende Erläuterung auch andere zur Aushilfe dienende Verfahren einbezogen.

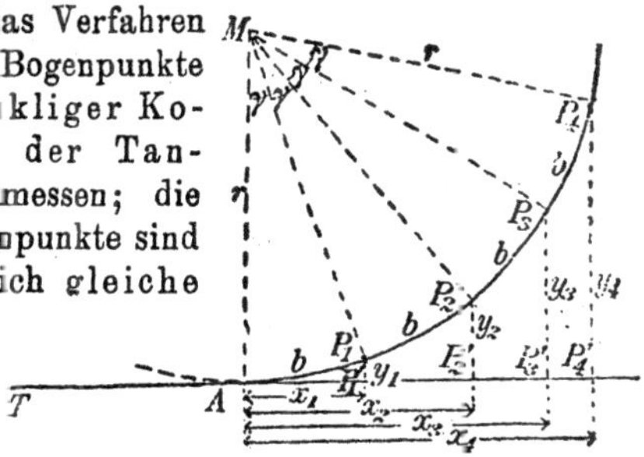

Abb. 1.

A. Absteckung von Kreisbögen.
I. Messung des Winkels.

Bevor ein Bogen zwischen zwei Graden im Felde abgesteckt werden kann, ist der Winkel τ zu bestimmen, den die beiden anschließenden, im allgemeinen bereits vorher aus dem Plane ins Gelände übertragenen Graden, die Tangentenrichtungen TW und $T'W$, miteinander bilden.

Ist der Winkelpunkt W zugänglich, so wird der Winkel τ unmittelbar mit dem Theodoliten gemessen; andernfalls mittels einer Hilfsgraden CD durch Messung der Winkel α und β und Berechnung nach der Gleichung

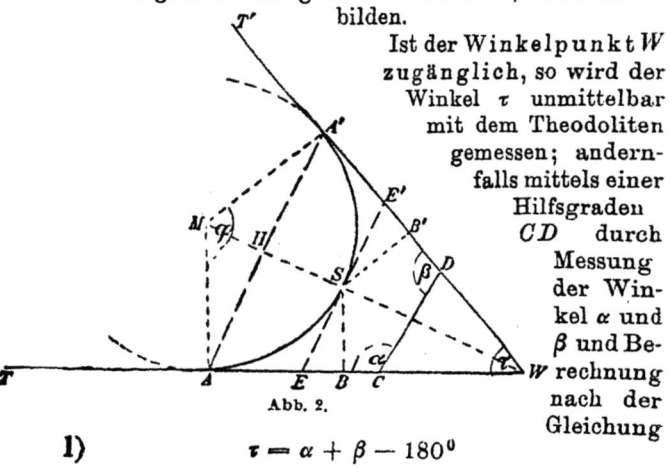

Abb. 2.

1) $$\tau = \alpha + \beta - 180^0$$

bestimmt; ist keine unmittelbare Sicht zwischen C und D, so muß τ aus einem zwischen C und D gelegten Polygonzug abgeleitet werden.

Über den Theodoliten ist unter D Seite 21 das nötigste gesagt.

Ein Verfahren, den Winkel τ ohne Theodoliten zu ermitteln ist unter E Seite 25 mitgeteilt.

Aus dem Tangentenwinkel τ wird der Zentriwinkel φ, nach dem die Zahlentafel I geordnet ist, nach der Gleichung

2) $$\varphi = 180^0 - \tau$$

berechnet.

II. Bestimmung des Bogenanfangs und Bogenendes und Versicherung der Absteckung.

Für den im Plane gegebenen Kreishalbmesser r wird die Tangentenlänge nach der Gleichung

3) $\qquad WA = WA' = r \operatorname{cotg} \frac{\tau}{2} = r \operatorname{tg} \frac{\varphi}{2}$

berechnet und von W aus abgesteckt, wodurch Bogenanfang A und Bogenende A' bestimmt sind. Dieser Berechnung dient die Zahlentafel I, Spalte 3, worin die Tangentenlängen für $r = 1000$ für alle Winkel von 1 bis 120° von 10' zu 10' aufgeführt sind. (Die Benützung logarithmisch trigonometrischer Tafeln führt ebenfalls schnell zum Ziel.)

Zur Versicherung der späteren Absteckung der einzelnen Bogenpunkte wird gewöhnlich die Bogenmitte S besonders festgelegt.

Entweder stellt man die Scheiteltangente ESE' her nach der Gleichung

4) $\qquad AE = ES = A'E' = E'S = r \operatorname{tg} \frac{\varphi}{4}$,

wobei die Zahlentafel I, Spalte 3 benützt wird, oder man steckt die Scheitelkoordinaten ab nach den Gleichungen

5) $\qquad AB = r \sin \frac{\varphi}{2}$ oder

6) $\qquad WB = r \operatorname{tg} \frac{\varphi}{2} \left(1 - \cos \frac{\varphi}{2}\right)$ und

7) $\qquad BS = r \left(1 - \cos \frac{\varphi}{2}\right)$,

wobei die Zahlentafel I Spalte 3, 5 und 6 benützt wird, oder man setzt von der Sehnenmitte H die Pfeilhöhe HS ab nach den Gleichungen

Scheitelpunkt.

8) $\quad AH = r \sin \frac{\varphi}{2} \ (= AB)$ und

9) $\quad HS = r \left(1 - \cos \frac{\varphi}{2}\right) (= BS),$

wobei die Zahlentafel I, Spalte 5 und 6 ebenfalls benützt wird oder man steckt schließlich auf der Winkelhalbierenden den **Scheitelabstand** WS ab nach der Gleichung

10) $\quad WS = r \cdot \dfrac{1 - \cos \frac{\varphi}{2}}{\cos \frac{\varphi}{2}},$

wobei die Zahlentafel I, Spalte 6 oder 3 benutzt wird.

Wenn der Winkel φ sehr klein, d. h. τ sehr stumpf ist, so benutzt man vorteilhaft die Formeln

11) $\quad WB = 2\, r\, \text{tg}\, \frac{\varphi}{2} \cdot \sin^2 \frac{\varphi}{4}$

12) $\quad BS = 2\, r \sin^2 \frac{\varphi}{4} \ (= HS)$

13) $\quad WS = r\, \text{tg}\, \frac{\varphi}{2} \cdot \text{tg}\, \frac{\varphi}{4}$

die eine schärfere Rechnung gestatten; die Zahlentafel I kann ebenfalls benutzt werden.

Statt der Scheiteltangente kann man auch eine beliebige Zwischentangente benützen, indem man den einen Teil ψ des Zentriwinkels $\varphi = 180 - \tau$ nach Erfordern annimmt und dafür die Berechnung nach den vorigen Gleichungen durchführt, während man für den anderen Teil $\chi = \varphi - \psi$ der Kenntnis des gemessenen Winkels φ bedarf. Als Probe ergibt sich

Unzugänglicher Winkelpunkt.

$$EN + NE' = EE' = WE \frac{\sin \tau}{\sin \psi} = WE' \frac{\sin \tau}{\sin \varphi}.$$

Hierbei kann die Zahlentafel 1 Spalte 5 benutzt werden.

Ist der Winkelpunkt W unzugänglich, so daß die Tangenten nicht abgesetzt werden können, so ist zur Absteckung der Berührungspunkte A und E noch die Messung der Länge CD erforderlich (s. Abb. 2); dann ist

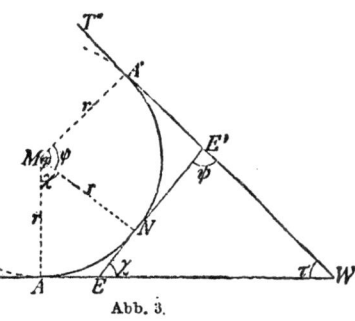

Abb. 3.

14) $$WC = \frac{CD}{\sin \tau} \cdot \sin \beta$$

15) $$WD = \frac{CD}{\sin \tau} \cdot \sin \alpha,$$

was mittels der Zahlentafel I zu berechnen ist. Hieraus in Verbindung mit Gleichung 3 wird A und A', in Verbindung mit Gleichung 4 die Scheiteltangente EE' und Bogenmitte S' bestimmt.

Um beim Abstecken nach rechtwinkligen Koordinaten von den Tangenten nicht zu große Meßlängen zu erhalten, werden besonders bei großem Halbmesser r oder großem Winkel φ Zwischentangenten eingelegt, wozu in erster Linie die Scheiteltangente, weiter Scheiteltangenten für die halben, viertel usw. Winkel dienen.

III. Absteckung der Bogenpunkte.

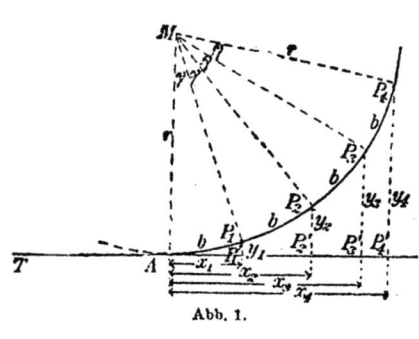

Abb. 1.

Nach diesen vorbereitenden Arbeiten können die Kreispunkte abgesteckt werden.

a) Absteckung von Bogenpunkten in gleichen Abständen von der Tangente aus.

Der zu gleichen Bogenlängen b zugehörige Zentriwinkel γ ist

16) $\quad \gamma^0 = 360^0 \dfrac{b}{2r\pi} = 180^0 \dfrac{b}{r\pi} = \varrho \cdot \dfrac{b}{r}$

17) wo $\varrho^0 = \dfrac{180^0}{\pi} = 57,29578\ldots^0$

17a) $\quad \varrho' = \dfrac{180 \cdot 60}{\pi} = 3\,437,747\ldots'$

17b) $\quad \varrho'' = \dfrac{180 \cdot 60 \cdot 60}{\pi} = 206\,264,806\ldots''$

In der Zahlentafel III sind die Werte γ für verschiedene Werte r und b aufgeführt.

Die Koordinaten des Kreispunktes sind

18) $\quad x = r \sin \gamma$

19) $\quad y = r(1 - \cos \gamma) = 2r \sin^2 \dfrac{\gamma}{2} = x \operatorname{tg} \dfrac{\gamma}{2}.$

Wächst γ in arithmetischer Progression $1\gamma, 2\gamma, 3\gamma\ldots$, so ergeben sich gleiche Bogenlängen.

Durch Reihenentwicklung entsteht:

20) $\quad x \cong b \left(1 - \dfrac{b^2}{6r^2} + \dfrac{b^4}{120r^4} \cdots \right)$

21) $\quad y \cong \dfrac{b^2}{2r} \left(1 - \dfrac{b^2}{12r^2} + \dfrac{b^4}{360r^4} \cdots \right)$

Unter der Voraussetzung, daß für Feldarbeiten eine Genauigkeit von $0{,}5^0/_{00}$ oder $^1/_{2000}$ genügt, kann abgekürzt werden:

22) $x \cong b$ für $b \leqq 0{,}055 \cdot r$ (Tangente = Bogenlänge)

23) $y \cong \dfrac{b^2}{2r}$ für $b = 0{,}078 \cdot r$

(flacher Kreisbogen = flacher Parabelbogen)

und

24) $\quad x = b \left(1 - \dfrac{b^2}{6r^2}\right)$ für $0{,}055 \cdot r < b \leqq 0{,}195 \cdot r$

25) $\quad y = \dfrac{b^2}{2r} \left(1 - \dfrac{b^2}{12r^2}\right)$ für $0{,}078 \cdot < b \leqq 0{,}65 \cdot r$

Der Unterschied zwischen Bogen und Sehne bleibt unter $^1/_{2000}$ des Bogens, solange $b \leqq \dfrac{r}{10}$.

Um die Berechnung der Werte x und y zu sparen, wird die Zahlentafel II benutzt.

Weitere Verfahren zur Absteckung von Kreisbögen, die in besonderen Fällen zweckmäßig angewandt werden, wenn der Kurvenanfang bekannt ist, sind noch folgende:

b) Statt Punkte mit gleichen Bogenabständen können auch Punkte mit gleichen **Abszissenunterschieden** abgesteckt werden. Hierbei ist die Messung der Abszissen selbst etwas einfacher, während die Bogenstücke selbst immer kürzer werden, wodurch

8 Bogenpunkte.

eine besondere Stationierung nötig wird. Ein Teil der Tafeln ist auch für dieses Verfahren verwendbar.

c) Um sich bei beschränktem Raume (in Tunneln, tiefen Einschnitten und auf hohen Dämmen, in Wäldern, hohen Getreidefeldern u. dgl.) mit den Hilfspunkten und -linien möglichst wenig von der Kurve zu entfernen, sind folgende Verfahren möglich:

1. Ein regelmäßiges oder unregelmäßiges Vieleck aus Tangenten oder Sehnen wird mittels des Theodoliten ausgesteckt, von dem aus noch Zwischenpunkte bestimmt werden.

2. Nachdem zwei Punkte B und C in gleichem Bogenabstand b vom Bogenanfang A aus unter Benutzung der Zahlentafel II oder mit Hilfe der Gleichungen

$$x_B = AB' = r \sin \gamma; \quad y_B = B'B = 2r \sin^2 \frac{\gamma}{2}$$
$$x_C = AC' = r \sin 2\gamma; \quad y_C = C'C = 2r \sin^2 \gamma$$

abgesteckt sind, wird die Tangente am zweiten Punkt, FCT'', hergestellt und diese in gleicher Weise wie die ursprüngliche Tangente TAC' benutzt, um die Punkte D und E abzustecken. Es ist nach Gleichung 16

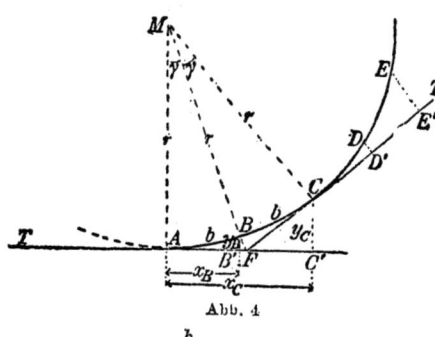

Abb. 4

$\gamma = 180 \dfrac{b}{r\pi}$; dieser Wert kann aus der Zahlentafel III unmittelbar oder durch einfache Addition entnommen

werden. Nach Gleichung 3 ist genau $FA = r \, \text{tg} \, \gamma$
= Tangentenlänge für den Zentriwinkel $\varphi = 2\gamma$;
dieser Wert kann aus der Zahlentafel I für $r = 1000$
entnommen werden. Näherungsweise ist

26) $$B'F \cong \frac{x_B \cdot y_B}{r} = 2r \sin \gamma \sin^2 \frac{\gamma}{2}.$$

3. Ein besonders bequemes Verfahren ist das
näherungsweise **Einrücken von der Sekante**. Man
findet die in gleichen Abständen b liegenden Kreispunkte
A, B, C, D.., indem man von dem Bogenanfang A
auf der Tangente $x = b$ und
als Ordinate dazu nach Gl. 23
$y_0 = \dfrac{x^2}{2r} = \dfrac{b^2}{2r}$ absetzt, auf
der Sekante AB über B
wieder b absetzt und
$y = 2y_0 = \dfrac{b^2}{r}$ als
Ordinate dazu aufträgt;
dies Verfahren wird wiederholt.

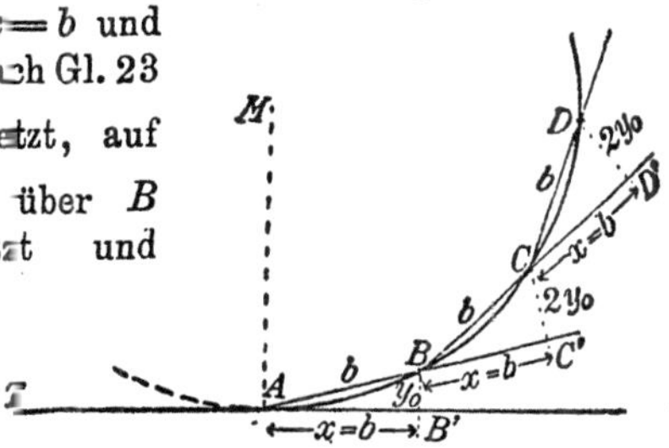

Abb. 5.

Der Querfehler des Zuges ist nach n Einrückungen,
wenn e den mittleren Fehler einer Einrückung bedeutet:

27) $$q = e \sqrt{\frac{n^3}{3}}.$$

Die Fehlerfortpflanzung ist also ungünstig.

d) Die Absteckung nach rechtwinkligen Koordinaten von der Sehne aus setzt ebenfalls die
Kenntnis von Bogenanfang und -ende voraus, im all-

gemeinen ist das Verfahren unbequem, und nur zur Einschaltung einzelner Punkte in Verbindung mit der Absteckung rechtwinkliger Koordinaten von der Tangente aus zu verwenden.

Die Koordinaten sind

28) $x = r \cdot \sin \psi$

29) $y = h - 2r \sin^2 \left(\dfrac{\psi}{2}\right)$,

wo nach Gl. 12

$h = 2r \sin^2 \left(\dfrac{\varphi}{4}\right)$

und nach Gl. 16

$\psi = 180 \dfrac{b}{r\pi}$.

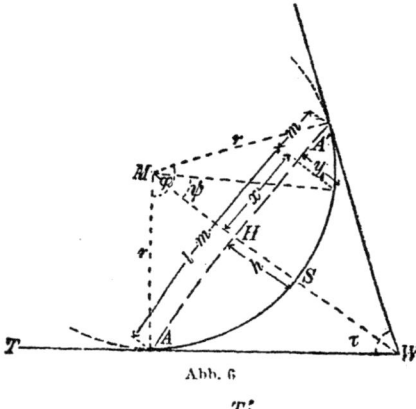

Abb. 6.

Näherungsweise ist, wenn ein flacher Kreisbogen als Parabelbogen betrachtet wird

30) $h = \dfrac{b^2}{8r}$ und

31) $y = \dfrac{m \cdot (l-m)}{2r}$.

Hierauf gründet sich auch die „Viertelsmethode", die besonders zur Einschaltung von Zwischenpunkten bequem ist. (Abb. 7.)

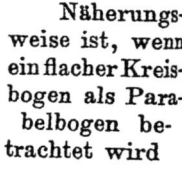

Abb. 7.

Bogenpunkte.

Die **Pfeilhöhe** ist

32) $\qquad h = 2r \sin^2\left(\dfrac{\varphi}{4}\right) = \dfrac{l^2}{8r}.$

Die Sehnen über den halben Zentriwinkeln des flachen Kreisbogens werden halbiert, und in den Halbierungspunkten $\dfrac{h}{4}$ senkrecht aufgetragen.

Der Fehler ist

33) $\qquad \varDelta = 2r \sin^2\left(\dfrac{\varphi}{8}\right) =$ etwa $2r\left(\dfrac{h}{l}\right)^4.$

Auch für dieses Verfahren bietet die Zahlentafel I Erleichterungen in der Rechnung.

e) Schließlich seien noch die Verfahren der Absteckung nach **gleichen Peripheriewinkeln und Sehnen** oder mit **Polarkoordinaten** erwähnt. Sie beruhen auf dem Satze, daß zu gleichen Peripheriewinkeln gleiche Sehnen und gleiche Bogenlängen gehören.

Bei feststehendem Instrument steckt man von einem Standort, zumeist vom Bogenanfangspunkt A aus mit einem Theodoliten die Winkel $\dfrac{\gamma}{2}, 2\dfrac{\gamma}{2}, 3\dfrac{\gamma}{2}$ usw. ab, die zu gleichen Bogenstücken b oder gleichen Sehnen gehören (Abb. 8) nach der Gleichung

34) $\sin\dfrac{\gamma}{2} = \dfrac{b}{2r},$

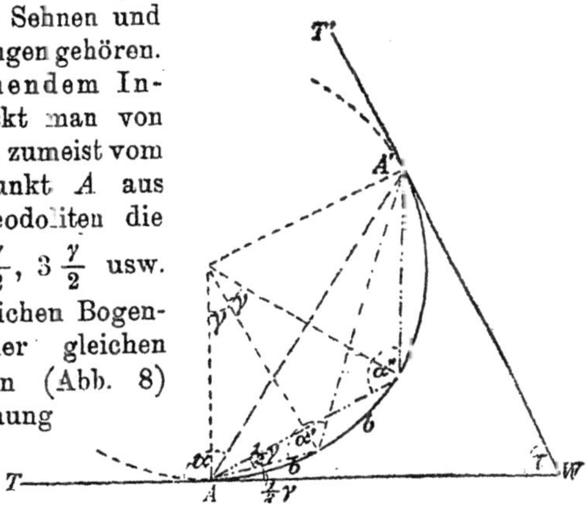

Abb. 8.

indem man den hinteren Stab eines Meßbands von der Länge b in den

Ausgangspunkt bringt, während der vordere Stab in die erste Zielrichtung eingewiesen wird, die man durch Drehung des Fernrohrs um $\frac{\gamma}{2}$ gegen die Nullrichtung AW erhält; ebenso wird der folgende Bogenpunkt gefunden, indem vom vorhergehenden aus die Strecke b auf der zweiten Zielrichtung, die um $2\frac{\gamma}{2}$ von der Tangente abweicht, abgemessen wird usw. Die Länge b macht man dabei am einfachsten gleich der Stationsentfernung oder einem ganzzahligen Bruchteil davon. Fällt der Bogenanfang nicht mit einem Punkt der durchlaufenden Stationierung zusammen, so wird entweder der erste in den Bogen fallende Punkt unter besonderer Berechnung seiner Bogenlänge b_0 und des zugehörigen Peripheriewinkels $\frac{\gamma_0}{2}$ abgesteckt und von da aus die weiteren Punkte mit $\frac{\gamma_0}{2} + \frac{\gamma}{2}$, $\frac{\gamma_0}{2} + \frac{2\gamma}{2}$ usw. und b als Bogen abgesetzt; oder aber die Punkte der durchlaufenden Stationierung werden in die von A aus im gleichen Abstand b eingemessenen Punkte nachträglich nach Gleichung 31) eingeschaltet. Am besten steckt man den Bogen vom Ende A' in der Richtung auf den Standort A hin ab, weil man dabei die Nullrichtung AW nicht verfehlen kann. Die Fehlerfortpflanzung ist ungünstig. Längere Bögen werden deshalb zweckmäßig von Bogenanfang und Bogenende oder von der Bogenmitte nach beiden Seiten oder von Hilfstangenten aus abgesteckt.

Zur Berechnung der zu bestimmten Bogenlängen b gehörigen Zentri- und Peripheriewinkel γ und $\frac{\gamma}{2}$ bei dem gewählten Halbmesser R dient die Zahlentafel III.

Bogenpunkte.

Der Unterschied $\varDelta$ zwischen Bogenlänge b und Sehnenlänge s muß besonders bei kleinem Bogenhalbmesser beachtet werden, da mit dem Meßband die Sehne gemessen wird, nicht der Bogen. Der Fehler ist

$$35)\quad \varDelta = b - s = 2R\left(\frac{\pi}{180^0}\frac{\gamma}{2} - \sin\frac{\gamma}{2}\right)$$

oder, da das Bogenmaß $\dfrac{\pi}{180^0}\dfrac{\gamma}{2} = \dfrac{b}{2R}$ und

$$\sin\frac{\gamma}{2} = \left(\frac{\pi}{180^0}\frac{\gamma}{2}\right) - \frac{\left(\frac{\pi}{180^0}\frac{\gamma}{2}\right)^3}{1\cdot 2\cdot 3} + \cdots$$

$$35\,\text{a})\qquad \varDelta \cong \frac{b^3}{24\,R^2}.$$

Hiernach ist nötigenfalls die Sehne zu verkürzen, um die richtige Bogenstationierung durchzuführen. Bei einer Bogenlänge b von weniger als 0,15 des Halbmessers R bleibt der Fehler $\varDelta$ unter $0{,}001\,b$; bei $b \leq 0{,}1\,R$ bleibt $\varDelta \leq 0{,}0005\,b$.

Bei Verwendung eines Freihand-Winkelinstruments geht man mit diesem den Kreisbogen entlang; beim Spiegelsextant deckt sich in allen Kreispunkten das doppelt gespiegelte Bild des Fluchtstabes in dem einen Berührungspunkt A mit dem unmittelbar gesehenen Fluchtstab im anderen Berührungspunkt A'; bei der Prismentrommel decken sich die von den beiden Prismen reflektierten Bilder von A und A', wenn die Trommel in einem Punkt des Kreisbogens steht.

Der Spiegelsextant besteht aus einem kleinen sogenannten Kimmspiegel und einem großen Spiegel; ersterer ist parallel zur Nullinie der Teilung eines wagerechten Teilkreises lotrecht fest angebracht, letzterer in dessen Mittelpunkt gleichfalls lotrecht drehbar und mit einer Alhidade verbunden, die außer dem Nonius ein Fernrohr gegenüber dem kleinen Spiegel trägt, so daß man sowohl in als auch über den kleinen Spiegel sichten kann. Die Prismentrommel besteht aus einem festen und einem drehbaren gleichseitig-rechtwinkligen Prisma, die in einer Trommel übereinander liegen, so daß sich die Hypotenusen etwa in der Drehachse kreuzen. Der zur Absteckung eines bestimmten Bogens gebrauchte Winkel der zwei Spiegel oder der zwei Prismen wird eingestellt, indem man, auf einem Berührungspunkt A stehend, das doppeltgespiegelte Bild des Fluchtstabes im anderen Berührungspunkt A' mit dem unmittelbar gesehenen Fluchtstab in der Tangente T durch Drehung der Spiegel oder Prismen zur Deckung bringt; dann wird dieser Winkel festgehalten; es ist

35 b) $\qquad \alpha = \alpha' = \alpha'' = \cdots .$

Um gleiche Abstände b der Kreispunkte zu erhalten, wird ein Stab des Meßbandes in dem einen Punkt festgehalten, der andere als Lotstab des Winkelspiegels verwendet.

Das Verfahren der Absteckung mit Sextant, Prismenspiegel u. dgl. ist nur bei flachem Gelände zulässig; bei geneigtem Boden muß eine Kegelkreuzscheibe mit 1' Genauigkeit und feststellbaren Zielspalten verwendet werden.

B. Abstecken von Korbbögen.

Unter einem Korbbogen versteht man einen aus mehreren Kreisbögen von verschiedenem Halbmesser zusammengesetzten Bogenzug. Hier werde der Fall der Absteckung eines Kreisbogens aus zwei Kreisbögen behandelt. Wenn die beiden Bogenanfangspunkte A und A' auf den beiden Richtungen TA und $T'A'$ ungefähr

festliegen, so läßt sich der Übergang aus der einen
Richtung in die andere im allgemeinen durch einen Kreis-
bogen nicht bewirken, (Ausnahme: die beiden Tangenten-
längen WA und WA' sind gleich), sondern es muß ein Korb-
bogen eingelegt werden. Bei Benutzung zweier Kreisbögen
ergibt sich folgende Beziehung zwischen den als bekannt

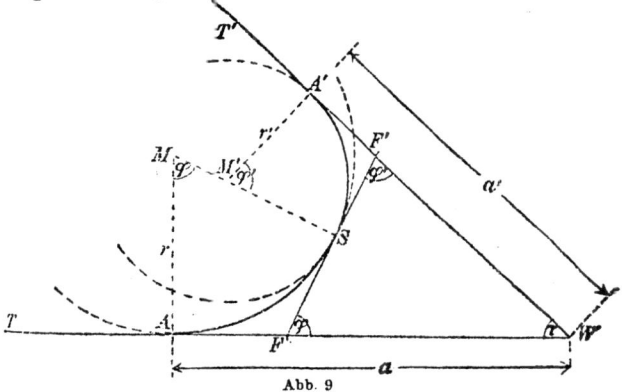

Abb. 9

anzunehmenden Größen τ, r, r' und $WA' = a'$ und den
zu bestimmenden Größen $WA = a$, φ und φ':

36) $\qquad \tau + \varphi + \varphi' = 180^0$

durch Projektion auf die Richtung TA und senkrecht dazu:

37) $(r - r') \sin \varphi + r' \sin (\varphi + \varphi') + a' \cos \tau = a$

38) $(r - r') \cos \varphi + r \cos (\varphi + \varphi') + a' \sin \tau = r$

oder auch

37a) $a - (r - r') \sin \varphi - r' \sin \tau - a' \cos \tau = 0$

38a) $r - (r - r') \cos \varphi + r \cos \tau - a' \sin \tau = 0$.

Hieraus findet man

39) $\qquad \cos \varphi = \dfrac{r + r \cos \tau - a' \sin \tau}{(r - r')}$,

woraus φ unter Benutzung der Zahlentafel I Sp. 6 zu bestimmen ist; und weiter

40) $\varphi' = 180^0 - \varphi - \tau$ sowie

41) $\quad a = (r-r') \sin \varphi + r' \sin \tau + a' \cos \tau,$

wobei ebenfalls die Zahlentafel I benützt werden kann. Die Tangentenlängen

42) $\quad\quad\quad AF = FS = r \operatorname{tg} \dfrac{\varphi}{2}$ und

42a) $\quad\quad\quad A'F' = F'S = r' \operatorname{tg} \dfrac{\varphi'}{2}$

sind nun bekannt und die Absteckung der beiden einzelnen Kreisbögen erfolgt wie vorher beschrieben.

Bei Festsetzung der beiden Halbmesser r und r' ist zu beachten, daß ihr Unterschied im allgemeinen am besten möglichst gering ist; die geringste mögliche Abweichung ist dann vorhanden, wenn die Verbindungslinie der Mittelpunkte senkrecht auf der Sehne steht.

C. Abstecken von Übergangsbögen für Eisenbahnlinien.

Der unvermittelte Übergang einer Graden in einen Kreisbogen von endlichem Halbmesser entspricht gewöhnlich nicht den Forderungen des Eisenbahnbetriebes; die Krümmung muß vielmehr von $\dfrac{1}{\varrho} = \dfrac{1}{\infty} = 0$ im Berührungspunkt allmählich und stetig auf $\dfrac{1}{\varrho} = \dfrac{1}{r}$ (wo r der verlangte Halbmesser des Kreisbogens) übergehen, damit die Fahrzeuge stoßfrei übergeführt werden.

Übergangsbogen.

Der Übergangsbogen muß mit der Überhöhung der äußeren Schiene in Verbindung gesetzt werden. Um der Fliehkraft in Krümmungen entgegen zu wirken, wird die äußere Schiene um ein Maß z gegen die

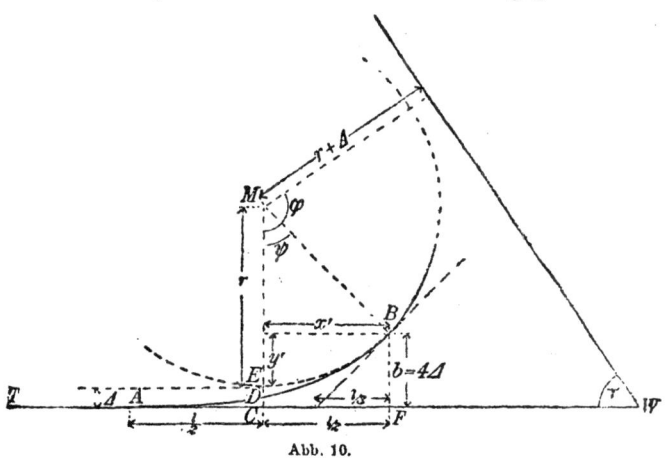

Abb. 10.

innere gehoben, so daß bei einer Spurweite s die Schienenköpfe in einer Neigung

43) $$\sin \alpha = \frac{z}{s}$$

zur Wagerechten liegen.

Ist M die Masse, g die Beschleunigung der Schwere, also $M \cdot g$ das Gewicht eines Fahrzeuges, v die Geschwindigkeit in m/sec, so ist im Kreisbogen vom Halbmesser r die nach außen gerichtete Fliehkraft $\frac{Mv^2}{r}$. Es herrscht Gleichgewicht, wenn

Kröhnke-Seifert, Bögen. 16. Aufl.

Übergangsbogen.

44) $$\frac{Mv^2}{r}\cos\alpha = Mg\sin\alpha$$

ist; da $\cos\alpha = 1$ gesetzt werden darf, so ist theoretisch

45) $$z = \frac{v^2}{g}\cdot\frac{s}{r};$$

jeder Geschwindigkeit und jedem Krümmungshalbmesser entspricht also eine bestimmte Überhöhung. Praktisch wird nach den Preußischen Normen für den Oberbau von 1902 und nach den Bayrischen Normen von 1903

46) $$z = 0{,}5\,\frac{V}{r}$$

gesetzt, wo V in km/Stunde die zulässige Höchstgeschwindigkeit in der Kurve ist. Hiernach ergeben sich folgende Größtwerte der Überhöhung, die in Steigungen, vor Bahnhöfen u. dgl. angemessen zu verringern sind; die nach der Betriebsordnung seit 1. Mai 1905 gestatteten Höchstgeschwindigkeiten V und die Überhöhungen z sind hiernach:

$r =$	1300	1200	1100	1000	900	800	m
$V \leq$	120	115	110	105	100	95	km/Stunde
$z =$	46	48	50	53	56	59	mm

$r =$	700	600	500	400	300	250	m
$V \leq$	90	85	80	75	65	60	km/Stunde
$z =$	64	71	80	94	108	120	mm

$r =$	200	180	150	120	100	m
$V \leq$	50	45	40	30	25	km/Stunde
$z =$	125	125	133	125	125	mm,

die drei letzten Werte beziehen sich auf Nebenbahnen.

Für Schmalspurbahnen wird angenommen:

bei 1 m-Spur $z = 8{,}3 \dfrac{V^2}{r}$;

bei 0,75 m-Spur $z = 6{,}2 \dfrac{V^2}{r}$;

bei 0,60 m-Spur $z = 5 \dfrac{V^2}{r}$.

Da in der Graden keine Überhöhung, in der Krümmung r aber die volle Überhöhung z vorhanden sein soll, so muß ein Übergang geschaffen werden, was durch eine gradlinig mit $1:n$ steigende Rampe erfolgt, die sich auf die Länge $l = 2a$ der Übergangskurve erstreckt. Nach der für das Deutsche Reich gültigen „Eisenbahnbau- und Betriebsordnung" vom 4. November 1904 mit Abänderung vom 24. Juni 1907 soll sein:

47) $$n = \dfrac{l}{z} \geqq 300.$$

(Die „Technischen Vereinbarungen über den Bau und Betrieb der Haupt- und Nebeneisenbahnen" vom 1. Januar 1897 mit Nachträgen vom Dezember 1898 und Dezember 1900 des Vereins Deutscher Eisenbahnverwaltungen und die „Grundzüge für den Bau und die Betriebseinrichtungen der Lokaleisenbahnen" vom 1. Januar 1897 desselben Vereins gestatten auch $n = \dfrac{l}{z} = 200$; das Maß ist jedoch unzureichend, da hierbei bei der Ausfahrt aus Kurven der Spurkranz des vorderen äußeren Rades durch die Entlastung auf der windschiefen Fläche die Führung verliert.)

Bei flachen Kurven kann statt $\dfrac{l}{z} = n$

48) $$\dfrac{x}{z} = n$$

gesetzt und der Krümmungshalbmesser näherungsweise aus der Differentialgleichung berechnet werden:

49) $$\frac{1}{r} = \frac{d^2y}{dx^2} = \frac{g \cdot z}{v^2 \cdot s} = \frac{g \cdot x}{v^2 n \cdot s} = \frac{x}{q},$$

wo zur Abkürzung

50) $$q = \frac{n v^2 \cdot s}{g}$$

gesetzt ist. Für $x = o$, Punkt A, ist $y = o$ und $\frac{dy}{dx} = o$; durch zweimalige Integration erhält man

51) $$\frac{dy}{dx} = \frac{x^2}{2q}$$

52) $$y = \frac{x^3}{6q}.$$

Die Gleichung der Übergangskurve stellt also eine kubische Parabel dar; q ist besonders von v abhängig; für Hauptbahnen wird häufig zu $q = 12000$ oder 15000 angenommen.

Die Gleichung $r = \frac{q}{x}$ gibt für $x = o$ im Punkte A.

53) $$r_A = \infty$$

für $x = l$ im Punkt B.

54) $$r_B = r = \frac{q}{l} \text{ oder } l = \frac{q}{r}$$

55) $$b = \frac{l^3}{6q} = \frac{q^2}{6r^3}.$$

Die gemeinsame Tangente der Übergangskurve und des Kreises im Punkte B ist durch den Winkel φ bestimmt

56) $$\operatorname{tg} \varphi = \frac{dy}{dx} = \frac{db}{dl} = \frac{l^2}{2q} = b : \frac{l}{3}.$$

Die Koordinaten des Kreises r in bezug auf Punkt E sind nach Gleichung 18 und 19 $x' = r \sin \varphi$ und $y = r (1 - \cos \varphi)$. Für kleine Winkel φ kann näherungsweise gesetzt werden:

Übergangsbogen.

57) $$\sin \varphi \cong \operatorname{tg} \varphi = \frac{l^2}{2q}$$

und

58) $$\cos \varphi = \sqrt{1 - \sin^2 \varphi} \cong 1 - \frac{1}{2}\sin^2 \varphi = 1 - \frac{l^4}{2 \cdot 4 q^2}$$

also

59) $$x' = \frac{q}{l} \cdot \frac{l^2}{2q} = \frac{l}{2}$$

60) $$y' = \frac{q}{l} \cdot \frac{l^4}{8 q^2} = \frac{l^3}{8 q} = \frac{3}{4} b.$$

Der Kreis ist also um

61) $$\frac{l}{4} b = \varDelta = \frac{q^3}{24 \cdot r^3}$$

nach innen verschoben.

Um einen Kreisbogen mit dem Halbmesser r und dem Winkel τ mit Übergangskurven abzustecken, ist also nach Wahl des Wertes q

$$l = \frac{q}{r} \text{ und}$$
$$\varDelta = \frac{q^3}{24 \cdot r^3}$$

zu berechnen.

Sodann werden die Tangentenlängen CW und $C'W$ für einen Kreis vom Halbmesser $r + \varDelta$ abgesteckt, der Anfangspunkt der Übergangskurve von dem Berührungspunkt C des Kreisbogens $r + \varDelta$ mit $\frac{l}{2}$ festgelegt, der Endpunkt B durch $\frac{l}{2}$ und $b = 4\varDelta$ bestimmt und Zwischenpunkte des Übergangsbogens nach der Formel $y = \frac{x^3}{6q}$ eingemessen.

Die Absteckung des eigentlichen Kreisbogens mit dem Halbmesser r im Anschluß an den Übergangsbogen erfolgt wie gewöhnlich mit rechtwinkligen Koordinaten von CW aus; nur daß die Ordinaten um das Maß $\varDelta$ zu vergrößern sind; als Ausgangspunkt gilt für die Abszissen des Kreisbogens der Berührungspunkt C des gedachten Bogens mit $r + \varDelta$.

D. Der Theodolit.

Ein Theodolit, der für die zum Abstecken von Kreisbögen erforderlichen Winkelmessungen benutzt werden soll, muß die Ablesung von ganzen Minuten an den Nonien des Horizontalkreises gestatten; dazu genügt ein Durchmesser von 12 bis 15 cm. Das Fernrohr soll 12 bis 20 fache Vergrößerung aufweisen und zum Durchschlagen eingerichtet sein: für ganz nahe Ziele wird „Korn" und „Visier" benutzt.

Zur vorläufigen wagerechten Einstellung des Instruments und auch zu Messungen in flachem Gelände genügt die Dosenlibelle; bei steilen Zielungen ist eine Alhidaden-Libelle am Horizontalkreis zur Feineinstellung in der Wagerechten notwendig.

Prüfung und Berichtigung des Theodoliten.

Um den Winkel, welchen 2 Richtungen WA und WA' oder genau gesagt: die Schnittlinien der durch die 2 Richtungen gelegten lotrechten Ebenen mit einer wagerechten Ebene bilden, mittels des Theodoliten scharf zu messen, müssen dessen Achsen folgende Bedingungen erfüllen:

1) Die Zielachse (optische Achse des Fernrohrs) muß rechtwinklig zur Kippachse (Horizontalachse) stehen: $Z \perp H$.

2) Die Kippachse muß rechtwinklig zur Stehachse (Vertikalachse) stehen, also wagerecht liegen $H \perp V$.

3) Die Stehachse muß rechtwinklig zur Libellenachse stehen, also senkrecht stehen: $V \perp L$.

Zu 1) $Z \perp H$. Prüfung: Ein Punkt wird angezielt und dann das Fernrohr in den Lagern umgelegt; erscheint der gleiche Punkt wieder, so ist kein Zielachsen- oder Kollimationsfehler da; erscheint ein anderer Punkt, so wird dieser eingestellt; die am wagerechten Teilkreis abgelesene Abweichung ist der zweifache Zielachsenfehler; man kann auch eine wagerechte Latte anzielen und auf dieser die Abweichung vor und nach dem Umlegen ablesen. Wenn man das Fernrohr umlegt und durchschlägt, so liest man den vierfachen Zielachsenfehler ab. Berichtigung: Der Fehler wird beseitigt, indem die wagerechten Schrauben des Fadenkreuzes verstellt werden.

Für die Prüfung zu 2) und 3) ist die Anordnung der Libellen zu beachten, die in zweierlei Art angebracht werden.

Anordnung I.

Die Dosen- oder Röhrenlibelle ist auf der Alhidade befestigt.

Zu 3) $L \perp V$ Prüfung: Die Libelle wird durch die Fußschrauben des Instruments zum Einspielen gebracht. Beim Drehen der Alhidade darf die Blase nicht wandern, dann ist $L \perp V$. Berichtigung: Schlägt die Blase aus, so stellt man die Libelle parallel zu zwei Fußschrauben und richtet sie damit ein, dreht die Alhidade um $180°$, beseitigt den halben Ausschlag mit der Stellschraube der Libelle, wodurch $L \perp V$, und die andere Hälfte durch die Fußschrauben.

Dann wird die Alhidade um 90° gedreht und der ganze Ausschlag mit der Fußschraube beseitigt; die Stehachse ist nun lotrecht. Bei einer Dosenlibelle auf der Alhidade wird nach erstmaliger Einstellung mit den 3 Fußschrauben bei fester Alhidade diejenige Stellung gesucht, bei der der größte Ausschlag entsteht, wenn nun die Alhidade gedreht wird. Die Hälfte davon wird durch die Stellschrauben der Libelle, die andere durch die Fußschrauben beseitigt.

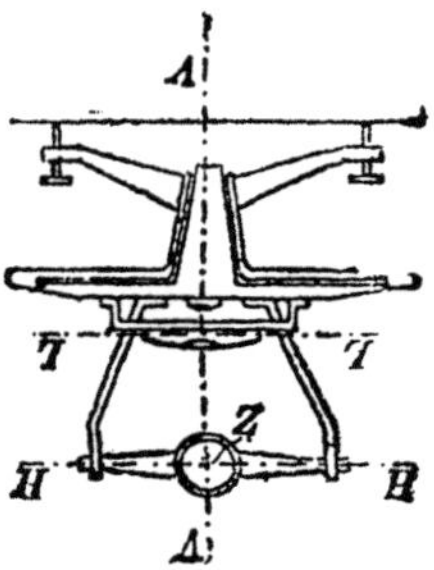

Zu 2) $H \perp V$. Prüfung: Die Kippachse muß, wenn die Stehachse lotrecht ist, in jeder Lage wagerecht liegen. Dies wird geprüft, indem man eine Lotschnur beobachtet. Diese muß beim Kippen des Fernrohres immer im Fadenkreuz verbleiben. Schwankungen des Lotes werden durch Eintauchen des Lotes in ein Gefäß mit Wasser gemildert. Oder man stellt einen „künstlichen Horizont" durch ein Gefäß mit Quecksilber oder Wasser mit Tinte dicht vor dem Fernrohr auf, worin sich ein hochgelegener Punkt spiegelt, und zielt den Punkt an; dann muß beim Niederkippen sein Spiegelbild im Fadenkreuz erscheinen. Oder man überträgt einen hochgelegenen Punkt durch Herunterkippen auf eine tiefliegende Latte und wiederholt dies nach Durchschlagen des Fernrohrs; dann muß derselbe Teilpunkt der Latte getroffen werden. Berichtigung: Der Fehler wird durch Heben oder Senken des einen Achslagers beseitigt. Wenn das Fadenkreuz beim Niederkippen nach rechts abweicht,

Abb. 11.
Theodolit mit Albidadenlibelle.

so muß das rechte Lager gehoben oder das linke gesenkt werden, weil das Fernrohr das Bild umkehrt. Bei Anwendung eines künstlichen Horizontes ist die Hälfte der Abweichung an dem Achslager zu beseitigen; bei Anwendung eines Lotes oder einer Latte ebenfalls, wenn die Ziellinien nach oben und unten gleich viel von der Wagerechten abweichen, sonst ist das Achslager so zu verstellen, daß sich bei wagerechter Ziellinie kein Fehler ergibt.

Anordnung II.

Der Theodolit hat eine Reiterlibelle auf der Kippachse.

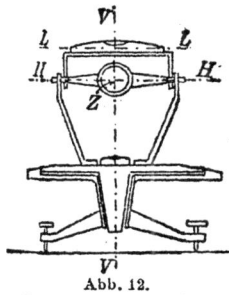

Abb. 12.
Theodolit mit Reiterlibelle.

Zu 2) Die Kippachse soll zur Libellenachse parallel sein, also wagerecht liegen; $L /\!/ H$. Prüfung: Die Libelle wird durch die Fußschrauben des Theodoliten eingestellt und dann auf der Achse umgesetzt; sie muß auch dann einspielen. Berichtigung: Die Hälfte des Fehlers wird durch die senkrechten Stellschrauben der Libelle, die andere durch die Fußschrauben beseitigt.

Die Libellenachse darf sich mit der Kippachse auch nicht im Raume kreuzen. Prüfung: Wenn nach der vorhergegangenen Berichtigung beim Drehen des Fernrohrs mit der Libelle deren Blase ausschlägt, so muß die Libelle durch ihre seitlichen Stellschrauben eingerichtet werden.

Zu 3) Die Stehachse soll rechtwinklig zur Libellenachse sein: $V \perp L$. Prüfung: Die Libelle wird durch die Fußschrauben des Theodoliten eingestellt und muß bei Drehung um die Stehachse immer einspielen. **Berichtigung:** Die Libelle wird in der Richtung zweier Fußschrauben eingestellt; dann um 180" gedreht und der Ausschlag zur Hälfte durch die Fußschraube, zur Hälfte durch die Lagerschrauben der Kippachse beseitigt; dann muß das Fernrohr um 90^0 gedreht und der hier gefundene Ausschlag ganz durch die 3. Fußschraube beseitigt werden.

Nicht durch Berichtigung des Theodoliten wegzuschaffende Fehler sind:

Exzentrizität von Limbus und Alhidade. Sie wird daraus erkannt, daß die Unterschiede der Ablesung an zwei gegenüberliegenden Nonien wechseln. Der Fehler wird durch Mitteln der Ablesungen an den beiden Nonien oder durch Ablesung an einem Nonius, aber vor und nach dem Durchschlagen des Fernrohres und Mittelbildung ausgemerzt.

Exzentrizität der Zielachse ist vorhanden, wenn diese sich mit der Stehachse nicht schneidet, sondern im Raume kreuzt. Sie wird durch Ablesung in zwei Fernrohrlagen (Durchschlagen) und Mittelung unschädlich gemacht. Übrigens werden dadurch auch Zielachsen- und Kippachsenfehler ausgemerzt.

Der **Fehler der Stehachse** wird durch das Meßverfahren nicht beseitigt, sie muß also, besonders für steile Sichten, scharf lotrecht gestellt werden.

E. Bestimmung des Schnittwinkels zweier Richtungen ohne Theodoliten.

Zum Schlusse sei noch auf einige Verfahren hingewiesen, den Schnittwinkel τ der beiden Richtungen WA und WA', die durch einen Bogen verbunden werden sollen, zu bestimmen, wenn kein Theodolit

Winkelmessung ohne Theodoliten. 27

zur Verfügung steht. Voraussetzung ist, daß die Längenmessung in der wagerechten Ebene erfolgt oder darauf zurückgeführt wird.

Vom Schnittpunkt W aus werden zwei gleiche oder verschiedene Längen auf den Tangenten oder auf den beiden Verlängerungen über W hinaus abgesetzt, $WD = c$ und $WC = d$; ferner wird die Strecke $CD = w$ gemessen. Hieraus ergibt sich

$$62) \quad \cos \tau = \frac{c^2 + d^2 - w^2}{2\,c\,d}.$$

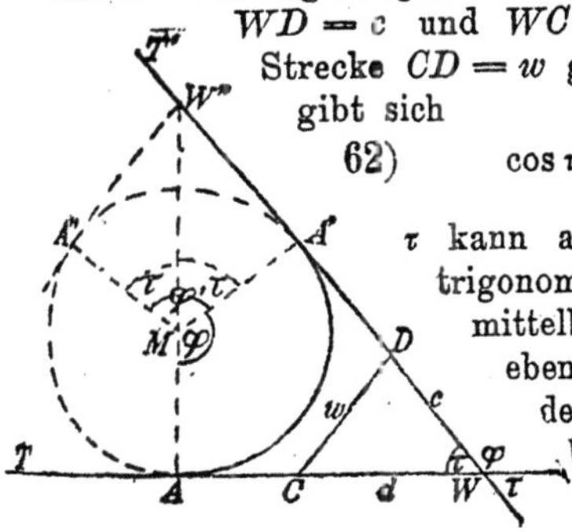

Abb. 13.

τ kann aus einer gewöhnlichen trigonometrischen Tafel unmittelbar entnommen werden, ebenso wie bei Anwendung der folgenden Formeln 62 bis 68; es kann jedoch auch die Zahlentafel I benützt werden. Denkt man sich den einen Halbmesser AM bis zum Schnittpunkt W'' mit der anderen Tangente WT' verlängert und die Tangente $W''A''$ gelegt, so ist der zu den beiden Tangenten $A'W''$ und $A''W''$ gehörige Zentriwinkel $\varphi' = 2\tau$ und der Wert $1 - \cos\frac{\varphi'}{2} = 1 - \cos\tau$ kann in der Spalte 6 aufgesucht werden, worauf man in Spalte 1 und 2 den Winkel $\varphi' = 2\tau$ findet. Da die Zahlentafel nur bis $\varphi' \leq 120°$ reicht, so ist das Verfahren nur bis $\tau = 60°$ anwendbar. Formt man jedoch die Gleichung 62 um nach der Beziehung

$$63) \quad \cos \tau = 2 \cos^2 \frac{\tau}{2} - 1 \quad \text{oder}$$

a) $$\cos \frac{\tau}{2} = \sqrt{\tfrac{1}{2}(1+\cos\tau)},$$

so reicht die Zahlentafel I bis $\tau \leq 120°$; man bildet den Wert $\cos\frac{\tau}{2}$ und sucht $1-\cos\frac{\tau}{2}$ in Spalte 6, wodurch in Spalte 1 und 2 der Winkel τ gefunden wird.

b) Man kann auch den Hilfswert

64) $$s = \frac{1}{2}\left(c+d+w\right)$$

bilden und setzen

65) $$\sin\frac{\tau}{2} = \sqrt{\frac{(s-c)(s-d)}{c\cdot d}}\quad \text{für kleine Winkel } \frac{\tau}{2},$$

wobei Spalte 5 zu benützen ist, oder

66) $$\cos\frac{\tau}{2} = \sqrt{\frac{s(s-w)}{c\cdot d}}\quad \text{für große Winkel } \frac{\tau}{2},$$

wobei Spalte 6 zu benützen ist, oder

67) $$\operatorname{tg}\frac{\tau}{2} = \sqrt{\frac{(s-c)(s-d)}{s(s-w)}}\quad \text{für alle Winkel } \frac{\tau}{2},$$

wobei die Spalte 3 zu benützen ist. (Die Winkel in der Nähe von $\frac{\tau}{2} = 90°$, wobei die Rechnung unscharf wird, kommen nicht in Betracht.)

Aus dem so erhaltenen Winkel τ wird der für die Absteckung nötige Zentriwinkel $\varphi = 180 - \tau$ hergeleitet.

c) Da bei stumpfen Winkeln τ die Messung von w leicht ungenau ausfällt, so empfiehlt sich in diesem besonders häufigen Falle, die eine Tangente über W

hinaus zu verlängern, so daß der Winkel $\varphi = 180 - \tau$ gebildet wird, und auf dessen Schenkeln $WD = c$ und $WC = d$, sowie $CD = w$ abzumessen. Hieraus kann man nach der Gleichung 62) oder nach den Gleichungen 64) in Verbindung mit 65), 66) oder 67) den Zentriwinkel $\frac{\varphi}{2}$ bestimmen. Macht man $c = d$, so ist einfach

68) $$\sin \frac{\varphi}{2} = \frac{\frac{1}{2} \cdot c}{w}.$$

Die Zahlentafel I bietet die Winkel φ. Übrigens ist die logarithmische Berechnung dieser Werte vorzuziehen, sofern nicht die Genauigkeit des Rechenschiebers genügt.

F. Zahlenbeispiele für den Gebrauch der Zahlentafeln I, II, III.

I. Zwischen zwei Richtungen WT und WT' ist ein Kreisbogen mit dem Halbmesser $r = 850\ m$ einzulegen. — Abb. 2. —

1) Bestimme den Schnittwinkel τ der beiden Richtungen mit dem Theodoliten oder durch Dreiecksmessung. Ergebnis:

$$\tau = 138^0\ 22'\ 50''.$$

2) Berechne den Zentriwinkel des Bogens:

$$\varphi = 180 - \tau = 180 - 138^0\ 22'\ 50'' = 41^0\ 37'\ 10''.$$

3) In der Zahlentafel I S. 47 suche die zugehörige Tangentenlänge AW für den Halbmesser $r = 1000\ m$ auf;

für 41° 30' $\qquad$ $AW = 378{,}866$
Unterschied für 10' $= 1{,}664$
Zuschlag für 7' = $\qquad$ 1,165
Unterschied für 10" $= \dfrac{1{,}664}{60}$
$\qquad\qquad\qquad = 0{,}0277$
Zuschlag für 10" = $\qquad$ 0,028
Tangentenlänge bei $r = 1000\ m\ AW =$ 380,059 m
Tangentenlänge bei $r = 850\ m$
$AW = \dfrac{850}{1000} \cdot 380{,}059 =$ $\qquad$ 323,05 m

Anmerkung: Bei Verwendung von Logarithmentafeln ist diese Berechnung nach Gleichung 3) S. 3 noch einfacher auszuführen.

4) Berechne die Bogenlänge ASA' überschlägig, um die Zweckmäßigkeit von Zwischentangenten beurteilen zu können (genaue Berechnung nur nötig, wenn damit eine Kontrolle der Absteckung verbunden oder die durchgehende Stationierung des Bogens eingeschaltet werden soll). Aus der Zahlentafel I, S. 47 findet man bei

$r = 1000$ für 41° 30' $\qquad$ $ASA' = 724{,}312$
Unterschied für 10' $= 2{,}909$
Zuschlag für 7' = $\qquad$ 2,036
Unterschied für 10" $= \dfrac{2{,}909}{60}$
$\qquad\qquad\qquad = 0{,}0485$
Zuschlag für 10" = $\qquad$ 0,049
Bogenlänge bei $r = 1000\ m =$ $\qquad$ 726,397 m
„ bei $r = 850\ m$
$\dfrac{850}{1000} \cdot 726{,}397 =$ $\qquad$ 617,44 m

Zahlenbeispiel. 31

Bei der halben Bogenlänge $AS = A'S = 308{,}72\,m$, die von einer Tangente aus abzustecken wäre, würde also für den letzten Stationspunkt von 300 *m* Bogenlänge nach der Zahlentafel II, S. 89 und 91 die

Ordinate von $53{,}00\,m$ bei $r = 840\,m$
„ „ $51{,}80\,m$ „ $r = 860\,m$

oder gemittelt $52{,}40\,m$ bei $r = 850\,m$ abzustecken sein.

Diese Länge ist bereits unbequem groß, besonders wenn bei enger Stationierung viele Bogenpunkte abzustecken sind; auch führt die Absteckung so langer Lote mittels Winkelspiegels leicht zu Ungenauigkeiten. Deshalb soll eine Zwischentangente durch den Bogenscheitel gelegt werden.

5) Berechne den halben Zentriwinkel
$$\frac{\varphi}{2} = 20^0\,48'\,35''.$$

6) Berechne die Länge der Zwischentangenten $AE = ES = SE' = E'A'$ genau wie bei 3) beschrieben; aus der Zahlentafel I, S. 43 findet man bei $r = 1000\,m$
für $20^0\,40'$ $\qquad AE = 182{,}332$
Unterschied für $10' = 1{,}503$
Zuschlag für $8'$ $\qquad\qquad\qquad 1{,}202$
Unterschied für $10'' = \dfrac{1{,}503}{60}$
$\qquad\qquad = 0{,}0251$
Zuschlag für $35'' =$ $\qquad\qquad\qquad \underline{0{,}088}$
Zwischentangentenlänge bei $r = 1000\,m$
$\qquad\qquad\qquad\qquad AE = 183{,}622\,m$
bei $r = 850\,m\; AE = \dfrac{850}{1000} \cdot 183{,}622 =\quad 156{,}08\,m$

7) Stecke die Tangenten $WA = WA' = 323{,}05\,m$ von W aus ab.

8) Stecke die Zwischentangenten $AE = A'E' = 156,08\ m$ von A und A' aus ab, oder auch von W aus zugleich mit den Tangenten die Längen $W \cdot E = WE' = 323,05 - 156,08 = 166,97\ m$.

9) Berechne die Bogenlänge des Viertel-Zentriwinkels, die von einer Tangente abgesetzt wird:
$$\frac{ASA'}{4} = \frac{617,44}{4} = 154,36\ m.$$

10) Aus der Zahlentafel II S. 88 bis 90 entnimm die Abszissen und Ordinaten für die gesuchten Bogenpunkte im Abstand $b = 20\ m$ für $r = 850\ m$, indem die für $r = 840\ m$ und $r = 860\ m$ gegebenen Werte gemittelt werden.

Bogen-länge	Abszisse		Ordinate	
20	$\frac{20+20}{2} =$	20,0	$\frac{0,24+0,23}{2} =$	0,24
40	$\frac{39,98+39,99}{2} =$	39,99	$\frac{0,95+0,93}{2} =$	0,94
60	$\frac{59,95+59,95}{2} =$	59,95	$\frac{2,14+2,04}{2} =$	2,12
80	$\frac{79,88+79,88}{2} =$	79,88	$\frac{3,81+3,72}{2} =$	3,77
100	$\frac{99,76+99,77}{2} =$	99,77	$\frac{5,95+5,81}{2} =$	5,88
120	$\frac{119,59+119,61}{2} =$	119,60	$\frac{8,56+8,36}{2} =$	8,46
140	$\frac{139,35+139,38}{2} =$	139,37	$\frac{11,64+11,37}{2} =$	11,51
160	$\frac{159,03+159,08}{2} =$	159,06	$\frac{15,19+14,84}{2} =$	15,02
180	$\frac{178,63+178,69}{2} =$	178,66	$\frac{19,21+18,77}{2} =$	18,99

11) Stecke diese Werte ab. Da die Bogenlänge, die von jeder der Hilfstangenten abgesteckt werden soll, nur 154,36 m ist, so greifen die letzten zwei Punkte in das Bereich der benachbarten Zwischentangenten ein, was zur Kontrolle, besonders später bei Einschaltung der Stationspunkte dient.

II. Die durchlaufende Stationierung mit 20 m Abstand soll durch den Bogen durchgeführt werden. Der Bogenanfang liege 6,24 m hinter der letzten Station der vorausgehenden Graden, die 2000 m vom Ausgang der Zählung entfernt sei.

12) Berechne die erste Station 2020 des Bogens; sie liegt $x = 20,0 - 6,24 = 13,76$ m vom Bogenanfang.

13) Berechne den Ausschlag y des ersten Stationspunktes 2020 von der Sehne nach Gleichung 31, S. 10 unter Annahme, daß der Parabelbogen nicht vom flachen Kreisbogen abweicht:

$$y = \frac{13,76 \cdot 6,24}{2.850} = 0,0505$$
$$= \text{rd. } 0,05 \text{ m}$$

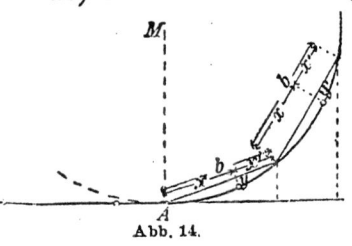

Abb. 14.

14) Stecke diesen und ebenso die weiteren Stationspunkte von den Sehnen der ursprünglichen Bogenpunkte mit $x = 13,76$ m und $y = 0,05$ m ab, bis zu den von der ersten Zwischentangente abgesteckten ursprünglichen Punkten.

15) Berechne die Station der Bogenmitte S für $\varphi = 41° 37' 10''$.
$$2000 + 6,24 + 308,72 = 2314,96.$$

34 Zahlenbeispiel.

16) Bilde die Abschnitte der Sehne des Bogens $b = 20\ m$ für die benachbarten Stationspunkte 2300 und 2320 $x = 5{,}04\ m$, $x' = 14{,}96\ m$.

17) Berechne hieraus deren Ausschlag von der Sehne

$$y = \frac{x \cdot x'}{2 \cdot r} = \frac{5{,}04 \cdot 14{,}96}{2 \cdot 850} = 0{,}0443 = rd.\ 0{,}04\ m$$

und setze von den Sehnen, die zu den von der Zwischentangente abgesetzten Punkten gehören, die Stationspunkte mit $x = 4{,}52$ und $y = 0{,}04\ m$ ab.

In gleicher Weise werden die Stationspunkte für den von der zweiten Haupttangente abgesetzten Bogen berechnet und eingeschaltet.

Statt der Zwischentangenten im Bogenscheitel S könnte ebenso jede andere beliebige Tangente benutzt werden, wenn jene nicht brauchbar ist.

III. Zwischen zwei Richtungen WT und WT' ist ein Kreisbogen mit dem Halbmesser $r = 850$ und beiderseitigem Übergangsbogen abzustecken. Die Betriebsverhältnisse der Eisenbahn ergeben den Wert $q = 25\,000$.

18) wie zu 1.

19) wie zu 2.

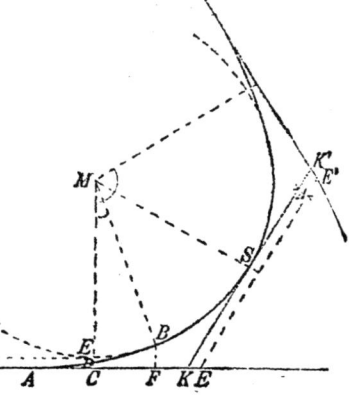

Abb. 15.

Zahlenbeispiel. 35

20) Berechne die Länge des Übergangsbogens

$$l = \frac{q}{r} = \frac{25\,000}{850} = 29{,}41 \; m.$$

21) Berechne die Querverschiebung

$$\Delta = \frac{q^2}{24 \cdot r^3} = \frac{25\,000^2}{24 \cdot 850^3} = 0{,}0424 \cong 0{,}04\,m.$$

22) Berechne die Tangentenlänge CW für $r + \Delta = 850{,}04\;m$. Für $r = 1000\;m$ ist nach 3) die Tangentenlänge $380{,}059\;m$; für $r = 850{,}04\;m$ also $CW = \frac{850{,}04}{1000} \cdot 380{,}059 = 323{,}065 \cong 323{,}07\;m.$

23) Stecke auf WT ab: $CW = 323{,}07\;m$

$$WA = 323{,}07 + \tfrac{29{,}41}{2} = 337{,}77\;m$$

$WF = 323{,}07 - \tfrac{29{,}41}{2} = 308{,}36\;m$ und $BF = 4\,\Delta = 0{,}17\;m$ und die entsprechenden Maße auf WT.

24) Berechne als Punkte des Übergangsbogens die Stationspunkte.

Punkt C liegt auf $2006{,}24$, wenn man die Bogenlänge gleich der Tangentenlänge setzt; Punkt A daher auf $1991{,}53$, und Punkt B auf $2020{,}95$.

Die erste Station im Übergangsbogen, 2000, liegt also vom Punkt A im Abstand $x = 8{,}47\;m$, die zweite Station 2020 im Abstand $x = 28{,}47\;m$ vom Übergangsbogenanfang A. Dann ist nach Gleichung 45 Seite 18

für Station $2000 \quad y = \dfrac{8{,}47^3}{6 \cdot 25000} = 0{,}002\;m,$

„   „ $2020 \quad y = \dfrac{28{,}47^3}{6 \cdot 25000} = 0{,}079\;m.$

Außerdem hat man in C den Wert $y = \frac{\Delta}{2} = 0{,}021\ m$ zur Kontrolle.

Stecke diese Werte ab.

25) Aus der Zahlentafél II entnimm die Abszissen und Ordinaten für den Kreisbogen nach 10) und stecke sie von CW aus ab, wobei jedoch die Ordinaten sämtlich um $\Delta = 0{,}04\ m$ zu vergrößern sind.

26) Schalte die Stationspunkte nach 12) ein, wobei die erste Station des Kreisbogens, 2040, um $x = 2040 - 2020{,}95 = 19{,}05\ m$ von dessen Anfangspunkt B entfernt liegt. Der Ausschlag berechnet sich zu
$$y = \frac{19{,}05 \cdot 0{,}95}{2 \cdot 850} = 0{,}011 = 0{,}01\ m.$$

27) Berechne die Zwischentangente an den Kreis mit dem Halbmesser $r + \Delta = 850{,}04\ m$ nach 5) und 6). Für $r = 1000\ m$ ist nach 6) $CE = 183{,}622\ m$; daher für $r = 850{,}04\ m$ $CE = \frac{850{,}04}{1000} \cdot 183{,}622 = 156{,}09\ m$ oder $WE = 323{,}07 - 156{,}09 = 166{,}98\ m$.

28) Stecke diese Zwischentangente an den Kreis $r + \Delta = 850{,}04\ m$ ab und rücke die Zwischentangente an $r = 850$ parallel um $\Delta = 0{,}04\ m$ nach innen, oder berechne
$$EK = \frac{\Delta}{\sin \frac{\varphi}{2}}$$

und stecke unmittelbar GG' ab. $\sin \frac{\varphi}{2}$ entnimmt man aus der Zahlentafel I, Spalte 5; der Wert ist gleich der Abszisse AB für den Zentriwinkel φ bei $r = 1{,}0$.

Hiernach kann die weitere Absteckung nach Nr. II erfolgen, wie wenn kein Übergangsbogen vorhanden wäre.

Zahlenbeispiel.

IV. Der Schnittwinkel τ zweier Richtungen WT und WT' soll ohne Theodoliten bestimmt werden. Der Winkelpunkt sei zugänglich.

29) Stecke auf WT die Strecke $c = 40$ m
 auf WT' die Strecke $d = 30$ m
 ab und miß die Strecke $w = 45$ m;
alle Längen sind wagerecht gemessen.

30) Bilde nach Gleichung 61
$$\cos \tau = \frac{c^2 + d^2 - w^2}{2\,c\,d} = \frac{40^2 + 30^2 - 45^2}{2 \cdot 40 \cdot 30} = 0{,}197917$$

31) Da $1 - \cos \tau = 0{,}802083 > 0{,}5$ ist, so kann τ nicht mehr unmittelbar aus der Zahlentafel I entnommen werden.

32) Bilde nach Gleichung 63
$$\cos \frac{\tau}{2} = \sqrt{\tfrac{1}{2}(1 + \cos \tau)} = \sqrt{\tfrac{1}{2} \cdot 1{,}197917}$$
$$= \sqrt{0{,}598959} = 0{,}773977$$

33) Suche in der Zahlentafel I, Spalte 6 auf S. 49.
$$1000\left(1 - \cos \frac{\tau}{2}\right) = 226{,}033$$

Für $225{,}607$ ist $\tau = 78° 30' 0'$
für $10'$ ist der Unterschied $0{,}921$;
bei einem Unterschied von
$226{,}033 - 225{,}607 = 0{,}426$
ist der Zuschlag $\frac{0{,}426}{0{,}921} \cdot 10' = 4{,}62'$
 oder $4' + 0{,}62 \cdot 60'' = 4'\,37{,}2''$
 $\overline{\text{Zus. } \tau = 78° 34' 37{,}2''}$

Damit ist der Winkel τ gefunden. In ganz ähnlicher Weise könnten die anderen Formeln, 65 bis 68, benützt werden.

Zahlentafel I.

enthaltend die Werte der Tangente, der Bogenlänge, der halben Sehne, der Koordinaten des Scheitelpunkts und dessen Abstand vom Winkelpunkt des Bogens für den Halbmesser 1000 und alle Zentriwinkel von 0 bis 120 Grad von 10 zu 10 Minuten.

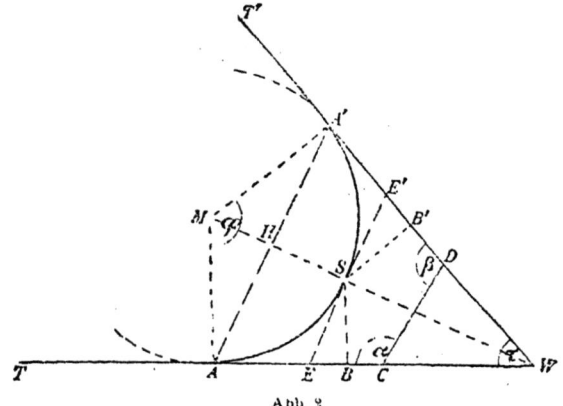

Abb. 2.

Zentriwinkel $\varphi = 0$ bis 5 Grad.

Grad.	Minuten.	Tangente A.W. $1000 \cdot tg\frac{\varphi}{2}$	Bogenlänge ASA'. $1000 \cdot \frac{\pi \cdot \varphi}{180}$	Abszisse AB=Halbe Sehne AH. $1000 \cdot \sin\frac{\varphi}{2}$	Ordinate BS = Pfeilhöhe HS. $1000 \cdot (1-\cos\frac{\varphi}{2})$	Scheitelabstand WS. $1000 \cdot (\sec\frac{\varphi}{2}-1)$
0	0	0.000	0.000	0.000	0.000	0.000
	10	1.454	2.909	1.454	0.001	0.001
	20	2.909	5.818	2.909	0.004	0.004
	30	4.363	8.727	4.363	0.009	0.009
	40	5.818	11.636	5.818	0.017	0.017
	50	7.272	14.544	7.272	0.026	0.026
1	0	8.727	17.453	8.727	0.038	0.038
	10	10.181	20.362	10.181	0.052	0.052
	20	11.636	23.271	11.635	0.068	0.068
	30	13.091	26.180	13.090	0.086	0.086
	40	14.545	29.089	14.544	0.106	0.106
	50	16.000	31.998	15.998	0.129	0.129
2	0	17.455	34.907	17.452	0.152	0.152
	10	18.910	37.815	18.907	0.179	0.179
	20	20.365	40.724	20.361	0.207	0.207
	30	21.820	43.633	21.815	0.238	0.238
	40	23.275	46.542	23.269	0.271	0.271
	50	24.730	49.451	24.723	0.306	0.306
3	0	26.186	52.360	26.177	0.343	0.343
	10	27.641	55.269	27.631	0.382	0.382
	20	29.097	58.178	29.085	0.423	0.423
	30	30.553	61.087	30.538	0.466	0.467
	40	32.009	63.995	31.992	0.512	0.512
	50	33.465	66.904	33.446	0.560	0.560
4	0	34.921	69.813	34.900	0.609	0.609
	10	36.377	72.722	36.353	0.661	0.661
	20	37.834	75.631	37.807	0.715	0.715
	30	39.290	78.540	39.260	0.771	0.771
	40	40.747	81.449	40.713	0.829	0.830
	50	42.204	84.358	42.166	0.889	0.890
5	0	43.661	87.266	43.619	0.952	0.952

Zentriwinkel $\varphi = 5$ bis 10 Grad.

Grad.	Minuten.	Tangente AW. $1000 \cdot \operatorname{tg}\frac{\varphi}{2}$	Bogenlänge ASA'. $1000 \cdot \frac{\pi \cdot \varphi}{180}$	Abszisse AB=Halbe Sehne AH. $1000 \cdot \sin\frac{\varphi}{2}$	Ordinate BS = Pfeilhöhe HS. $1000 \cdot \left(1-\cos\frac{\varphi}{2}\right)$	Scheitelabstand WS $1000 \cdot \left(\sec\frac{\varphi}{2}-1\right)$
5	0	43.661	87.266	43.619	0.952	0.952
	10	45.118	90.175	45.072	1.016	1.017
	20	46.576	93.084	46.525	1.083	1.084
	30	48.033	95.993	47.978	1.152	1.153
	40	49.491	98.902	49.431	1.222	1.224
	50	50.949	101.811	50.884	1.295	1.298
6	0	52.408	104.720	52.336	1.370	1.372
	10	53.866	107.629	53.788	1.448	1.450
	20	55.325	110.538	55.241	1.527	1.530
	30	56.784	113.446	56.693	1.608	1.611
	40	58.243	116.355	58.145	1.692	1.695
	50	59.703	119.264	59.597	1.777	1.780
7	0	61.163	122.173	61.049	1.865	1.869
	10	62.623	125.082	62.500	1.955	1.959
	20	64.083	127.991	63.952	2.047	2.051
	30	65.543	130.900	65.403	2.141	2.145
	40	67.004	133.809	66.854	2.237	2.242
	50	68.465	136.717	68.306	2.336	2.341
8	0	69.927	139.626	69.757	2.436	2.442
	10	71.389	142.535	71.207	2.538	2.545
	20	72.851	145.444	72.658	2.643	2.650
	30	74.313	148.353	74.108	2.750	2.757
	40	75.775	151.262	75.559	2.859	2.867
	50	77.238	154.171	77.009	2.970	2.978
9	0	78.702	157.080	78.459	3.083	3.092
	10	80.165	159.989	79.909	3.198	3.208
	20	81.629	162.897	81.359	3.315	3.327
	30	83.094	165.806	82.808	3.435	3.447
	40	84.558	168.715	84.258	3.556	3.569
	50	86.023	171.624	85.707	3.680	3.693
10	0	87.489	174.533	87.156	3.805	3.820

Zentriwinkel $\varphi = 10$ bis 15 Grad.

Grad.	Minuten.	Tangente AW. $1000 \cdot \operatorname{tg} \frac{\varphi}{2}$	Bogen-länge ASA'. $1000 \cdot \frac{\pi \cdot \varphi}{180}$	Abszisse AB=Halbe Sehne AH. $1000 \cdot \sin \frac{\varphi}{2}$	Ordinate BS = Pfeil-höhe HS. $1000 \cdot \left(1-\cos \frac{\varphi}{2}\right)$	Scheitel-abstand WS. $1000 \cdot (\sec \frac{\varphi}{2}-1)$
10	0	87.489	174.533	87.156	3.805	3.820
	10	88.954	177.442	88.605	3.933	3.949
	20	90.421	180.351	90.053	4.063	4.079
	30	91.887	183.260	91.502	4.195	4.213
	40	93.354	186.168	92.950	4.329	4.348
	50	94.821	189.077	94.398	4.465	4.486
11	0	96.289	191.986	95.846	4.604	4.625
	10	97.757	194.895	97.293	4.744	4.766
	20	99.226	197.804	98.741	4.887	4.911
	30	100.695	200.713	100.188	5.032	5.058
	40	102.164	203.622	101.635	5.178	5.206
	50	103.634	206.531	103.082	5.327	5.356
12	0	105.104	209.440	104.529	5.478	5.508
	10	106.575	212.348	105.975	5.631	5.663
	20	108.046	215.257	107.421	5.786	5.820
	30	109.518	218.166	108.867	5.944	5.979
	40	110.990	221.075	110.313	6.103	6.140
	50	112.462	223.984	111.758	6.264	6.304
13	0	113.936	226.893	113.203	6.428	6.469
	10	115.409	229.802	114.648	6.594	6.638
	20	116.883	232.711	116.093	6.762	6.808
	30	118.358	235.519	117.537	6.931	6.980
	40	119.833	238.528	118.982	7.103	7.154
	50	121.308	241.437	120.426	7.278	7.332
14	0	122.785	244.346	121.869	7.454	7.510
	10	124.261	247.255	123.313	7.632	7.691
	20	125.738	250.164	124.756	7.813	7.874
	30	127.216	253.073	126.199	7.995	8.060
	40	128.694	255.982	127.642	8.180	8.247
	50	130.173	258.891	129.084	8.366	8.437
15	0	131.652	261.799	130.526	8.555	8.629

Zentriwinkel $\varphi = 15$ bis 20 Grad.

Grad.	Minuten.	Tangente AW. $1000 \cdot \mathrm{tg}\frac{\varphi}{2}$	Bogenlänge ASA'. $1000 \cdot \frac{\pi \cdot \varphi}{180}$	Abszisse AB=Halbe Sehne AH. $1000 \cdot \sin\frac{\varphi}{2}$	Ordinate BS = Pfeilhöhe HS. $1000 \cdot (1-\cos\frac{\varphi}{2})$	Scheitelabstand WS. $1000 \cdot (\sec\frac{\varphi}{2}-1)$
15	0	131.652	261.799	130.526	8.555	8.629
	10	133.132	264.708	131.968	8.746	8.823
	20	134.613	267.617	133.410	8.939	9.020
	30	136.094	270.526	134.851	9.134	9.218
	40	137.576	273.435	136.292	9.331	9.419
	50	139.058	276.344	137.733	9.531	9.622
16	0	140.541	279.253	139.173	9.732	9.827
	10	142.024	282.162	140.613	9.935	10.034
	20	143.508	285.070	142.053	10.141	10.244
	30	144.993	287.979	143.493	10.349	10.457
	40	146.478	290.888	144.932	10.558	10.671
	50	147.964	293.797	146.371	10.770	10.887
17	0	149.451	296.706	147.809	10.984	11.106
	10	150.938	299.615	149.248	11.200	11.327
	20	152.426	302.524	150.686	11.418	11.550
	30	153.915	305.433	152.123	11.639	11.775
	40	155.404	308.342	153.561	11.861	12.003
	50	156.894	311.250	154.998	12.085	12.232
18	0	158.384	314.159	156.435	12.312	12.464
	10	159.876	317.068	157.871	12.540	12.699
	20	161.368	319.977	159.307	12.771	12.936
	30	162.860	322.886	160.743	13.004	13.175
	40	164.354	325.795	162.178	13.238	13.416
	50	165.848	328.704	163.613	13.475	13.659
19	0	167.343	331.613	165.048	13.714	13.905
	10	168.838	334.521	166.482	13.955	14.153
	20	170.334	337.430	167.916	14.199	14.403
	30	171.831	340.339	169.349	14.444	14.655
	40	173.329	343.248	170.783	14.691	14.910
	50	174.828	346.157	172.216	14.941	15.167
20	0	176.327	349.066	173.648	15.192	15.426

Zentriwinkel $\varphi = 20$ bis 25 Grad.

Grad.	Minuten.	Tangente AW. $1000 \cdot \tg \frac{\varphi}{2}$	Bogen-länge ASA'. $1000 \cdot \frac{\pi \cdot \varphi}{180}$	Abszisse AB=Halbe Sehne AH. $1000 \cdot \sin \frac{\varphi}{2}$	Ordinate BS = Pfeil-höhe HS. $1000 \cdot \left(1-\cos\frac{\varphi}{2}\right)$	Scheitel-abstand WS. $1000 \cdot \left(\sec\frac{\varphi}{2}-1\right)$
20	0	176.327	349.066	173.648	15.192	15.426
	10	177.827	351.975	175.080	15.446	15.688
	20	179.328	354.884	176.512	15.701	15.952
	30	180.829	357.793	177.944	15.959	16.217
	40	182.332	360.701	179.375	16.219	16.486
	50	183.835	363.610	180.805	16.481	16.756
21	0	185.339	366.519	182.236	16.745	17.030
	10	186.844	369.428	183.665	17.011	17.305
	20	188.349	372.337	185.095	17.279	17.583
	30	189.856	375.246	186.524	17.550	17.862
	40	191.363	378.155	187.953	17.822	18.144
	50	192.871	381.064	189.381	18.096	18.429
22	0	194.380	383.972	190.809	18.373	18.716
	10	195.890	386.881	192.236	18.651	19.005
	20	197.401	389.790	193.664	18.932	19.297
	30	198.912	392.699	195.090	19.215	19.591
	40	200.425	395.608	196.517	19.499	19.887
	50	201.938	398.517	197.942	19.786	20.185
23	0	203.452	401.426	199.368	20.075	20.486
	10	204.967	404.335	200.793	20.366	20.789
	20	206.483	407.244	202.218	20.659	21.095
	30	208.000	410.152	203.642	20.954	21.402
	40	209.518	413.061	205.066	21.252	21.713
	50	211.037	415.970	206.489	21.551	22.025
24	0	212.557	418.879	207.912	21.852	22.340
	10	214.077	421.788	209.334	22.156	22.657
	20	215.599	424.697	210.756	22.461	22.977
	30	217.121	427.606	212.178	22.769	23.299
	40	218.645	430.515	213.599	23.078	23.623
	50	220.169	433.423	215.019	23.390	23.950
25	0	221.695	436.332	216.440	23.704	24.279

Zentriwinkel φ = 25 bis 30 Grad.

Grad.	Minuten.	Tangente AW. $1000 \cdot tg\frac{\varphi}{2}$	Bogenlänge ASA'. $1000 \cdot \frac{\pi \cdot \varphi}{180}$	Abszisse AB=Halbe Sehne AH. $1000 \sin\frac{\varphi}{2}$	Ordinate BS = Pfeilhöhe HS. $1000 \cdot (1-\cos\frac{\varphi}{2})$	Scheitelabstand WS $1000 \cdot (\sec\frac{\varphi}{2}-1)$
25	0	221,695	436,332	216,440	23,704	24,279
	10	223,221	439,241	217,859	24,020	24,610
	20	224,749	442,150	219,279	24,338	24,944
	30	226,277	445,059	220,697	24,658	25,280
	40	227,806	447,968	222,116	24,980	25,619
	50	229,337	450,877	223,534	25,304	25,960
26	0	230,868	453,786	224,951	25,630	26,304
	10	232,401	456,695	226,368	25,958	26,649
	20	233,934	459,603	227,784	26,288	26,998
	30	235,469	462,512	229,200	26,621	27,348
	40	237,004	465,421	230,616	26,955	27,701
	50	238,541	468,330	232,031	27,292	28,057
27	0	240,079	471,239	233,445	27,630	28,415
	10	241,618	474,148	234,859	27,971	28,775
	20	243,157	477,057	236,273	28,313	29,138
	30	244,698	479,966	237,686	28,658	29,503
	40	246,241	482,874	239,098	29,005	29,870
	50	247,784	485,783	240,510	29,353	30,240
28	0	249,328	488,692	241,922	29,704	30,613
	10	250,873	491,601	243,333	30,057	30,988
	20	252,420	494,510	244,743	30,412	31,366
	30	253,968	497,419	246,153	30,769	31,745
	40	255,517	500,328	247,563	31,128	32,128
	50	257,066	503,237	248,972	31,489	32,512
29	0	258,618	506,145	250,380	31,852	32,900
	10	260,170	509,054	251,788	32,217	33,289
	20	261,723	511,963	253,195	32,585	33,682
	30	263,278	514,872	254,602	32,954	34,076
	40	264,834	517,781	256,008	33,325	34,474
	50	266,391	520,690	257,414	33,699	34,873
30	0	267,949	523,599	258,819	34,074	35,276

Zentriwinkel φ = 30 bis 35 Grad.

Grad.	Minuten.	Tangente AW. $1000 \cdot \tg \frac{\varphi}{2}$	Bogen-länge ASA'. $1000 \cdot \frac{\pi \cdot \varphi}{180}$	Abszisse AB=Halbe Sehne AH. $1000 \cdot \sin \frac{\varphi}{2}$	Ordinate BS = Pfeil-höhe HS. $1000 \cdot (1-\cos\frac{\varphi}{2})$	Scheitel-abstand WS. $1000 \cdot (\sec\frac{\varphi}{2}-1)$
30	0	267.949	523.599	258.819	34.074	35.276
	10	269.509	526.508	260.224	34.452	35.680
	20	271.069	529.417	261.628	34.831	36.087
	30	272.631	532.325	263.031	35.213	36.498
	40	274.195	535.234	264.434	35.596	36.909
	50	275.759	538.143	265.837	35.982	37.324
31	0	277.325	541.052	267.238	36.369	37.742
	10	278.891	543.961	268.640	36.769	38.161
	20	280.460	546.870	270.040	37.151	38.584
	30	282.029	549.779	271.440	37.545	39.009
	40	283.600	552.688	272.840	37.941	39.436
	50	285.172	555.597	274.239	38.338	39.866
32	0	286.745	558.505	275.637	38.738	40.299
	10	288.320	561.414	277.035	39.140	40.734
	20	289.896	564.323	278.432	39.544	41.171
	30	291.473	567.232	279.829	39.950	41.612
	40	293.052	570.141	281.225	40.358	42.055
	50	294.632	573.050	282.620	40.768	42.500
33	0	296.214	575.959	284.015	41.180	42.948
	10	297.796	578.868	285.410	41.594	43.399
	20	299.380	581.776	286.803	42.010	43.852
	30	300.965	584.685	288.196	42.429	44.308
	40	302.553	587.594	289.589	42.849	44.767
	50	304.141	590.503	290.981	43.271	45.227
34	0	305.731	593.412	292.372	43.695	45.691
	10	307.322	596.321	293.762	44.121	46.157
	20	308.914	599.230	295.152	44.550	46.626
	30	310.508	602.139	296.542	44.980	47.098
	40	312.104	605.048	297.930	45.412	47.572
	50	313.700	607.956	299.318	45.847	48.049
35	0	315.299	610.865	300.706	46.283	48.529

Zentriwinkel φ = 35 bis 40 Grad.

Grad.	Minuten.	Tangente AW. $1000 \cdot \operatorname{tg} \frac{\varphi}{2}$	Bogenlänge ASA'. $1000 \cdot \frac{\pi \cdot \varphi}{80}$	Abszisse AB=Halbe Sehne AH. $1000 \cdot \sin \frac{\varphi}{2}$	Ordinate BS = Pfeilhöhe HS. $1000 \cdot (1-\cos\frac{\varphi}{2})$	Scheitelabstand WS. $1000 \cdot (\sec\frac{\varphi}{2}-1)$
35	0	315.299	610.865	300.706	46.283	48.529
	10	316.899	613.774	302.093	46.721	49.011
	20	318.500	616.683	303.479	47.162	49.495
	30	320.102	619.592	304.864	47.604	49.983
	40	321.707	622.501	306.249	48.049	50.473
	50	323.312	625.410	307.633	48.495	50.967
36	0	324.920	628.319	309.017	48.943	51.462
	10	326.528	631.227	310.400	49.394	51.960
	20	328.139	634.136	311.782	49.846	52.462
	30	329.750	637.045	313.164	50.301	52.965
	40	331.364	639.954	314.545	50.757	53.471
	50	332.979	642.863	315.925	51.216	53.980
37	0	334.595	645.772	317.305	51.676	54.492
	10	336.213	648.681	318.684	52.139	55.007
	20	337.833	651.590	320.062	52.603	55.524
	30	339.454	654.499	321.440	53.070	56.042
	40	341.077	657.407	322.816	53.538	56.566
	50	342.701	660.316	324.193	54.009	57.092
38	0	344.328	663.225	325.568	54.481	57.620
	10	345.955	666.134	326.943	54.956	58.151
	20	347.585	669.043	328.317	55.432	58.685
	30	349.216	671.952	329.691	55.911	59.221
	40	350.848	674.861	331.063	56.391	59.761
	50	352.483	677.770	332.436	56.874	60.304
39	0	354.119	680.678	333.807	57.358	60.848
	10	355.756	683.587	335.178	57.845	61.396
	20	357.396	686.496	336.548	58.333	61.947
	30	359.037	689.405	337.917	58.824	62.500
	40	360.680	692.314	339.285	59.316	63.056
	50	362.324	695.223	340.653	59.811	63.615
40	0	363.970	698.132	342.020	60.307	64.177

Zentriwinkel φ = 40 bis 45 Grad.

Grad.	Minuten.	Tangente AW. $1000 \cdot \operatorname{tg} \frac{\varphi}{2}$	Bogenlänge ASA'. $1000 \cdot \frac{\pi \cdot \varphi}{180}$	Abszisse AB=Halbe Sehne AH. $1000 \cdot \sin \frac{\varphi}{2}$	Ordinate BS = Pfeilhöhe HS. $1000 \cdot (1-\cos\frac{\varphi}{2})$	Scheitelabstand WS. $1000 \cdot (\sec\frac{\varphi}{2}-1)$
40	0	363.970	698.132	342.020	60.307	54.177
	10	365.618	701.041	343.386	60.806	54.743
	20	367.268	703.949	344.752	61.306	55.310
	30	368.919	706.858	346.117	61.809	55.880
	40	370.573	709.767	347.481	62.313	56.453
	50	372.228	712.676	348.845	62.819	57.029
41	0	373.885	715.585	350.207	63.328	57.609
	10	375.543	718.494	351.569	63.838	58.191
	20	377.204	721.403	352.931	64.350	58.776
	30	378.866	724.312	354.291	64.865	59.364
	40	380.530	727.221	355.651	65.381	59.954
	50	382.196	730.129	357.010	65.899	70.548
42	0	383.864	733.038	358.368	66.420	71.144
	10	385.534	735.947	359.725	66.942	71.744
	20	387.205	738.856	361.082	67.466	72.346
	30	388.879	741.765	362.438	67.992	72.952
	40	390.554	744.674	363.793	68.520	73.560
	50	392.231	747.583	365.148	69.050	74.171
43	0	393.911	750.492	366.501	69.582	74.786
	10	395.592	753.401	367.854	70.116	75.404
	20	397.275	756.309	369.206	70.652	76.026
	30	398.960	759.218	370.557	71.190	76.646
	40	400.647	762.127	371.908	71.730	77.271
	50	402.335	765.036	373.258	72.272	77.901
44	0	404.026	767.945	374.607	72.816	78.534
	10	405.719	770.854	375.955	73.362	79.169
	20	407.414	773.763	377.302	73.910	79.808
	30	409.111	776.672	378.649	74.459	80.449
	40	410.810	779.580	379.994	75.011	81.094
	50	412.511	782.489	381.339	75.565	81.741
45	0	414.214	785.398	382.683	76.120	82.392

Zentriwinkel $\varphi = 45$ bis 50 Grad.

Grad.	Minuten.	Tangente AW. $1000 \cdot \tg \frac{\varphi}{2}$	Bogenlänge ASA'. $1000 \cdot \frac{\pi \cdot \varphi}{90}$	Abszisse AB=Halbe Sehne AH. $1000 \cdot \sin \frac{\varphi}{2}$	Ordinate BS = Pfeilhöhe HS. $1000 \cdot (1-\cos\frac{\varphi}{2})$	Scheitelabstand WS. $1000 \cdot (\sec\frac{\varphi}{2}-1)$
45	0	414.214	785.398	382.683	76.120	82.392
	10	415.919	788.307	384.027	76.678	83.045
	20	417.626	791.216	385.369	77.238	83.702
	30	419.335	794.125	386.711	77.799	84.362
	40	421.046	797.034	388.052	78.362	85.025
	50	422.759	799.943	389.392	78.928	85.690
46	0	424.475	802.851	390.731	79.495	86.360
	10	426.192	805.760	392.070	80.064	87.032
	20	427.912	808.669	393.407	80.636	87.708
	30	429.634	811.578	394.744	81.209	88.385
	40	431.358	814.487	396.080	81.784	89.069
	50	433.084	817.396	397.415	82.361	89.754
47	0	434.812	820.305	398.749	82.940	90.441
	10	436.543	823.214	400.083	83.521	91.132
	20	438.276	826.123	401.415	84.104	91.825
	30	440.010	829.031	402.747	84.688	92.524
	40	441.748	831.940	404.078	85.275	93.225
	50	443.487	834.849	405.408	85.864	93.929
48	0	445.229	837.758	406.737	86.454	94.636
	10	446.973	840.667	408.065	87.047	95.347
	20	448.719	843.576	409.392	87.642	96.060
	30	450.467	846.485	410.719	88.238	96.776
	40	452.218	849.394	412.045	88.836	97.497
	50	453.971	852.302	413.369	89.436	98.221
49	0	455.726	855.211	414.693	90.039	98.947
	10	457.484	858.120	416.016	90.643	99.677
	20	459.244	861.029	417.338	91.249	100.411
	30	461.006	863.938	418.660	91.857	101.147
	40	462.771	866.847	419.980	92.467	101.887
	50	464.538	869.756	421.300	93.078	102.630
50	0	466.308	872.665	422.618	93.692	103.377

Zentriwinkel φ = 50 bis 55 Grad.

Grad.	Minuten.	Tangente AW. $1000 \cdot \tg \frac{\varphi}{2}$	Bogenlänge ASA'. $1000 \cdot \frac{\pi \cdot \varphi}{180}$	Abszisse AB=Halbe Sehne AH. $1000 \cdot \sin \frac{\varphi}{2}$	Ordinate BS = Pfeilhöhe HS. $1000 \cdot (1-\cos\frac{\varphi}{2})$	Scheitelabstand WS. $1000 \cdot (\sec\frac{\varphi}{2}-1)$
50	0	466.308	872.665	422.618	93.692	103.377
	10	468.080	875.574	423.936	94.308	104.127
	20	469.854	878.482	425.253	94.925	104.881
	30	471.631	881.391	426.569	95.545	105.637
	40	473.410	884.300	427.884	96.166	106.398
	50	475.191	887.209	429.198	96.789	107.162
51	0	476.975	890.118	430.511	97.415	107.928
	10	478.762	893.027	431.823	98.042	108.698
	20	480.551	895.936	433.135	98.671	109.472
	30	482.343	898.845	434.445	99.302	110.249
	40	484.137	901.753	435.755	99.935	111.030
	50	485.933	904.662	437.063	100.569	111.814
52	0	487.733	907.571	438.371	101.206	112.601
	10	489.534	910.480	439.678	101.844	113.392
	20	491.339	913.389	440.984	102.485	114.187
	30	493.145	916.298	442.289	103.127	114.985
	40	494.955	919.207	443.593	103.771	115.787
	50	496.767	922.116	444.896	104.418	116.592
53	0	498.582	925.025	446.198	105.066	117.400
	10	500.399	927.933	447.499	105.716	118.212
	20	502.219	930.842	448.799	106.367	119.028
	30	504.041	933.751	450.098	107.021	119.847
	40	505.867	936.660	451.397	107.677	120.670
	50	507.695	939.569	452.694	108.334	121.496
54	0	509.525	942.478	453.991	108.993	122.326
	10	511.359	945.387	455.286	109.656	123.159
	20	513.195	948.296	456.580	110.318	123.996
	30	515.034	951.204	457.874	110.983	124.837
	40	516.875	954.113	459.167	111.650	125.682
	50	518.720	957.022	460.458	112.319	126.530
55	0	520.567	959.931	461.749	112.989	127.382

Zentriwinkel $\varphi = 55$ bis 60 Grad.

Grad.	Minuten.	Tangente AW. $1000 \cdot \operatorname{tg} \frac{\varphi}{2}$	Bogen- länge ASA'. $1000 \cdot \frac{\pi \cdot \varphi}{180}$	Abszisse AB=Halbe Sehne AH. $1000 \cdot \sin \frac{\varphi}{2}$	Ordinate BS = Pfeil- höhe HS. $1000 \cdot \left(1 - \cos \frac{\varphi}{2}\right)$	Scheitel- abstand WS. $1000 \cdot \left(\sec \frac{\varphi}{2} - 1\right)$
55	0	520.567	959.931	461.749	112.989	127.382
	10	522.417	962.840	463.038	113.662	128.237
	20	524.270	965.749	464.327	114.336	129.096
	30	526.125	968.658	465.615	115.012	129.959
	40	527.984	971.567	466.901	115.690	130.825
	50	529.845	974.476	468.187	116.370	131.695
56	0	531.709	977.384	469.472	117.052	132.570
	10	533.576	980.293	470.755	117.736	133.447
	20	535.446	983.202	472.038	118.422	134.329
	30	537.319	986.111	473.320	119.109	135.214
	40	539.195	989.020	474.600	119.799	136.103
	50	541.074	991.929	475.880	120.490	136.995
57	0	542.956	994.838	477.159	121.183	137.893
	10	544.840	997.747	478.436	121.878	138.793
	20	546.728	1000.655	479.713	122.575	139.697
	30	548.619	1003.564	480.989	123.273	140.606
	40	550.512	1006.473	482.263	123.974	141.518
	50	552.409	1009.382	483.537	124.676	142.433
58	0	554.309	1012.291	484.810	125.380	143.354
	10	556.212	1015.200	486.081	126.086	144.277
	20	558.118	1018.109	487.352	126.794	145.205
	30	560.027	1021.018	488.621	127.504	146.136
	40	561.939	1023.927	489.890	128.216	147.072
	50	563.854	1026.835	491.157	128.929	148.011
59	0	565.773	1029.744	492.424	129.644	148.956
	10	567.694	1032.653	493.689	130.361	149.902
	20	569.619	1035.562	494.953	131.080	150.854
	30	571.547	1038.471	496.217	131.801	151.809
	40	573.478	1041.380	497.479	132.524	152.769
	50	575.413	1044.289	498.740	133.248	153.732
60	0	577.350	1047.198	500.000	133.975	154.700

Zentriwinkel $\varphi =$ 60 bis 65 Grad.

Grad.	Minuten.	Tangente AW. $1000 \cdot \tg \frac{\varphi}{2}$	Bogenlänge ASA'. $1000 \cdot \frac{\pi \cdot \varphi}{180}$	Abszisse AB=Halbe Sehne AH. $1000 \cdot \sin \frac{\varphi}{2}$	Ordinate BS = Pfeilhöhe HS. $1000 \cdot \left(1-\cos\frac{\varphi}{2}\right)$	Scheitelabstand WS. $1000 \cdot \left(\sec\frac{\varphi}{2}-1\right)$
60	0	577.350	1047.198	500.000	133.975	154.700
	10	579.291	1050.106	501.259	134.703	155.672
	20	581.235	1053.015	502.517	135.433	156.648
	30	583.183	1055.924	503.774	136.165	157.628
	40	585.134	1058.833	505.030	136.898	158.612
	50	587.088	1061.742	506.284	137.634	159.599
61	0	589.045	1064.651	507.538	138.371	160.592
	10	591.006	1067.560	508.791	139.110	161.588
	20	592.970	1070.469	510.043	139.851	162.589
	30	594.937	1073.378	511.293	140.594	163.593
	40	596.908	1076.286	512.543	141.338	164.602
	50	598.883	1079.195	513.791	142.084	165.616
62	0	600.861	1082.104	515.038	142.833	166.633
	10	602.842	1085.013	516.284	143.583	167.655
	20	604.827	1087.922	517.529	144.334	168.681
	30	606.815	1090.831	518.773	145.088	169.710
	40	608.807	1093.740	520.016	145.844	170.745
	50	610.802	1096.649	521.258	146.601	171.784
63	0	612.801	1099.557	522.499	147.360	172.827
	10	614.803	1102.466	523.738	148.121	173.875
	20	616.809	1105.375	524.977	148.883	174.927
	30	618.819	1108.284	526.214	149.648	175.983
	40	620.832	1111.193	527.450	150.414	177.043
	50	622.849	1114.102	528.685	151.182	178.108
64	0	624.869	1117.011	529.919	151.952	179.178
	10	626.893	1119.920	531.152	152.723	180.252
	20	628.921	1122.829	532.384	153.497	181.330
	30	630.953	1125.737	533.615	154.272	182.413
	40	632.988	1128.646	534.844	155.049	183.500
	50	635.027	1131.555	536.072	155.828	184.592
65	0	637.070	1134.464	537.300	156.609	185.689

Zentriwinkel $\varphi = 65$ bis 70 Grad.

Grad.	Minuten.	Tangente AW. $1000 \cdot \mathrm{tg} \frac{\varphi}{2}$	Bogenlänge ASA'. $1000 \cdot \frac{\pi \cdot \varphi}{180}$	Abszisse AB=Halbe Sehne AH. $1000 \cdot \sin \frac{\varphi}{2}$	Ordinate BS = Pfeilhöhe HS. $1000 \cdot \left(1-\cos\frac{\varphi}{2}\right)$	Scheitelabstand WS. $1000 \cdot (\sec\frac{\varphi}{2}-1)$
65	0	637.070	1134.464	537.300	156.609	185.689
	10	639.117	1137.373	538.526	157.391	186.789
	20	641.167	1140.282	539.751	158.175	187.895
	30	643.222	1143.191	540.975	158.961	189.004
	40	645.280	1146.100	542.197	159.749	190.120
	50	647.342	1149.008	543.419	160.538	191.239
66	0	649.408	1151.917	544.639	161.329	192.363
	10	651.477	1154.826	545.858	162.122	193.491
	20	653.551	1157.735	547.076	162.917	194.625
	30	655.629	1160.644	548.293	163.714	195.763
	40	657.710	1163.553	549.509	164.512	196.905
	50	659.796	1166.462	550.724	165.312	198.052
67	0	661.886	1169.371	551.937	166.114	199.204
	10	663.979	1172.280	553.149	166.918	200.361
	20	666.077	1175.188	554.360	167.723	201.523
	30	668.179	1178.097	555.570	168.530	202.689
	40	670.284	1181.006	556.779	169.339	203.861
	50	672.394	1183.915	557.987	170.150	205.036
68	0	674.508	1186.824	559.193	170.962	206.217
	10	676.627	1189.733	560.398	171.777	207.403
	20	678.749	1192.642	561.602	172.593	208.594
	30	680.876	1195.551	562.805	173.410	209.789
	40	683.007	1198.459	564.007	174.230	210.990
	50	685.142	1201.368	565.207	175.051	212.195
69	0	687.281	1204.277	566.406	175.874	213.406
	10	689.425	1207.186	567.604	176.698	214.621
	20	691.572	1210.095	568.801	177.525	215.842
	30	693.725	1213.004	569.997	178.353	217.067
	40	695.881	1215.913	571.191	179.183	218.298
	50	698.042	1218.822	572.384	180.015	219.533
70	0	700.208	1221.731	573.576	180.848	220.774

Zentriwinkel φ = 70 bis 75 Grad.

Grad.	Minuten.	Tangente AW. $1000 \cdot \operatorname{tg} \frac{\varphi}{2}$	Bogenlänge ASA'. $1000 \cdot \frac{\pi \cdot \varphi}{180}$	Abszisse AB=Halbe Sehne AH. $1000 \cdot \sin \frac{\varphi}{2}$	Ordinate BS = Pfeilhöhe HS. $1000 \cdot \left(1-\cos \frac{\varphi}{2}\right)$	Scheitelabstand WS. $1000 \cdot \left(\sec \frac{\varphi}{2} - 1\right)$
70	0	700.208	1221.731	573.576	180.848	220.774
	10	702.377	1224.639	574.767	181.683	222.020
	20	704.551	1227.548	575.957	182.520	223.271
	30	706.730	1230.457	577.145	183.358	224.527
	40	708.913	1233.366	578.332	184.199	225.788
	50	711.101	1236.275	579.518	185.041	227.055
71	0	713.293	1239.184	580.703	185.884	228.326
	10	715.490	1242.093	581.886	186.730	229.604
	20	717.691	1245.002	583.069	187.577	230.886
	30	719.897	1247.910	584.250	188.426	232.173
	40	722.107	1250.819	585.429	189.277	233.466
	50	724.323	1253.728	586.608	190.129	234.764
72	0	726.543	1256.637	587.785	190.983	236.068
	10	728.767	1259.546	588.961	191.839	237.376
	20	730.996	1262.455	590.136	192.696	238.691
	30	733.230	1265.364	591.310	193.555	240.011
	40	735.469	1268.273	592.482	194.416	241.335
	50	737.713	1271.182	593.653	195.279	242.666
73	0	739.961	1274.090	594.823	196.143	244.002
	10	742.214	1276.999	595.991	197.009	245.344
	20	744.472	1279.908	597.159	197.877	246.691
	30	746.735	1282.817	598.325	198.746	248.044
	40	749.003	1285.726	599.489	199.617	249.402
	50	751.276	1288.635	600.653	200.490	250.766
74	0	753.554	1291.544	601.815	201.364	252.136
	10	755.837	1294.453	602.976	202.241	253.510
	20	758.125	1297.361	604.136	203.118	254.891
	30	760.418	1300.270	605.294	203.998	256.278
	40	762.716	1303.179	606.451	204.879	257.670
	50	765.019	1306.088	607.607	205.762	259.068
75	0	767.327	1308.997	608.761	206.647	260.472

Zentriwinkel φ = 75 bis 80 Grad.

Grad.	Minuten.	Tangente AW. $1000 \cdot \operatorname{tg} \frac{\varphi}{2}$	Bogenlänge ASA'. $1000 \cdot \frac{\pi \cdot \varphi}{180}$	Abszisse AB=Halbe Sohne AH. $1000 \cdot \sin \frac{\varphi}{2}$	Ordinate BS = Pfeilhöhe HS. $1000 \cdot (1-\cos\frac{\varphi}{2})$	Scheitelabstand WS. $1000 \cdot (\sec\frac{\varphi}{2}-1)$
75	0	767.327	1308.997	608.761	206.647	260.472
	10	769.640	1311.906	609.915	207.533	261.881
	20	771.959	1314.815	611.067	208.421	263.297
	30	774.283	1317.724	612.217	209.310	264.719
	40	776.612	1320.633	613.367	210.202	266.146
	50	778.946	1323.541	614.515	211.095	267.579
76	0	781.286	1326.450	615.662	211.989	269.018
	10	783.630	1329.359	616.807	212.885	270.463
	20	785.981	1332.268	617.951	213.783	271.914
	30	788.336	1335.177	619.094	214.683	273.371
	40	790.697	1338.086	620.236	215.584	274.834
	50	793.064	1340.995	621.376	216.487	276.303
77	0	795.436	1343.904	622.515	217.392	277.778
	10	797.813	1346.812	623.652	218.298	279.260
	20	800.196	1349.721	624.789	219.206	280.747
	30	802.585	1352.630	625.924	220.116	282.241
	40	804.979	1355.539	627.057	221.027	283.741
	50	807.379	1358.448	628.189	221.940	285.247
78	0	809.784	1361.357	629.320	222.854	286.759
	10	812.195	1364.266	630.450	223.770	288.278
	20	814.612	1367.175	631.578	224.688	289.803
	30	817.034	1370.084	632.705	225.607	291.334
	40	819.463	1372.992	633.831	226.528	292.872
	50	821.896	1375.901	634.955	227.451	294.416
79	0	824.336	1378.810	636.078	228.375	295.967
	10	826.782	1381.719	637.200	229.301	297.524
	20	829.234	1384.628	638.320	230.229	299.087
	30	831.691	1387.537	639.439	231.158	300.657
	40	834.155	1390.446	640.557	232.089	302.234
	50	836.624	1393.355	641.673	233.021	303.817
80	0	839.100	1396.263	642.788	233.956	305.407

Zentriwinkel φ = 80 bis 85 Grad.

Grad.	Minuten.	Tangente AW. $1000 \cdot \tg \frac{\varphi}{2}$	Bogenlänge ASÄ'. $1000 \cdot \frac{\pi \cdot \varphi}{180}$	Abszisse AB=Halbe Sehne AH. $1000 \cdot \sin\frac{\varphi}{2}$	Ordinate BS = Pfeilhöhe HS. $1000 \cdot \left(1-\cos\frac{\varphi}{2}\right)$	Scheitelabstand WS. $1000 \cdot \left(\sec\frac{\varphi}{2}-1\right)$
80	0	839.100	1396.263	642.788	233.956	305.407
	10	841.581	1399.172	643.901	234.891	307.004
	20	844.069	1402.081	645.013	235.829	308.606
	30	846.562	1404.990	646.124	236.767	310.216
	40	849.062	1407.899	647.233	237.708	311.833
	50	851.568	1410.808	648.341	238.650	313.456
81	0	854.081	1413.717	649.448	239.594	315.087
	10	856.599	1416.626	650.553	240.539	316.724
	20	859.124	1419.535	651.657	241.486	318.367
	30	861.655	1422.443	652.760	242.435	320.018
	40	864.193	1425.352	653.861	243.385	321.676
	50	866.736	1428.261	654.961	244.337	323.341
82	0	869.287	1431.170	656.059	245.290	325.013
	10	871.844	1434.079	657.156	246.245	326.691
	20	874.407	1436.988	658.252	247.202	328.377
	30	876.976	1439.897	659.346	248.160	330.070
	40	879.553	1442.806	660.439	249.120	331.771
	50	882.136	1445.714	661.530	250.081	333.478
83	0	884.725	1448.623	662.620	251.044	335.192
	10	887.322	1451.532	663.709	252.009	336.914
	20	889.924	1454.441	664.796	252.975	338.642
	30	892.534	1457.350	665.882	253.943	340.379
	40	895.151	1460.259	666.966	254.912	342.123
	50	897.774	1463.168	668.049	255.883	343.874
84	0	900.404	1466.077	669.131	256.855	345.632
	10	903.041	1468.986	670.211	257.829	347.398
	20	905.685	1471.894	671.290	258.805	349.172
	30	908.336	1474.803	672.367	259.782	350.953
	40	910.994	1477.712	673.443	260.761	352.741
	50	913.659	1480.621	674.517	261.741	354.536
85	0	916.331	1483.530	675.590	262.723	356.341

Zentriwinkel $\varphi = 85$ bis 90 Grad.

Grad.	Minuten.	Tangente AW. $1000 \cdot \text{tg}\frac{\varphi}{2}$	Bogen- länge ASA'. $1000 \cdot \frac{\pi \cdot \varphi}{180}$	Abszisse AB=Halbe Sehne AH. $1000 \cdot \sin\frac{\varphi}{2}$	Ordinate BS = Pfeil- höhe HS. $1000 \cdot (1-\cos\frac{\varphi}{2})$	Scheitel- abstand WS. $1000 \cdot (\sec\frac{\varphi}{2}-1)$
85	0	916.331	1483.530	675.590	262.723	356.341
	10	919.010	1486.439	676.662	263.706	358.153
	20	921.697	1489.348	677.732	264.691	359.972
	30	924.390	1492.257	678.801	265.677	361.799
	40	927.091	1495.165	679.868	266.665	363.634
	50	929.800	1498.074	680.934	267.655	365.476
86	0	932.515	1500.983	681.998	268.646	367.327
	10	935.238	1503.892	683.061	269.639	369.185
	20	937.968	1506.801	684.123	270.633	371.051
	30	940.706	1509.710	685.183	271.629	372.926
	40	943.451	1512.619	686.242	272.626	374.809
	50	946.204	1515.528	687.299	273.625	376.700
87	0	948.965	1518.437	688.355	274.626	378.598
	10	951.733	1521.345	689.409	275.628	380.505
	20	954.508	1524.254	690.462	276.631	382.420
	30	957.292	1527.163	691.513	277.636	384.343
	40	960.083	1530.072	692.563	278.643	386.276
	50	962.882	1532.981	693.611	279.651	388.217
88	0	965.689	1535.890	694.658	280.660	390.163
	10	968.504	1538.799	695.704	281.671	392.121
	20	971.326	1541.708	696.748	282.684	394.085
	30	974.157	1544.616	697.790	283.698	396.059
	40	976.996	1547.525	698.831	284.714	398.041
	50	979.842	1550.434	699.871	285.731	400.032
89	0	982.697	1553.343	700.909	286.750	402.032
	10	985.560	1556.252	701.946	287.770	404.040
	20	988.432	1559.161	702.981	288.791	406.057
	30	991.311	1562.070	704.015	289.815	408.083
	40	994.199	1564.979	705.047	290.839	410.117
	50	997.095	1567.887	706.078	291.865	412.161
90	0	1000.000	1570.796	707.107	292.893	414.214

Zentriwinkel $\varphi = 90$ bis 95 Grad.

Grad.	Minuten.	Tangente AW. $1000 \cdot tg\frac{\varphi}{2}$	Bogenlänge ASA. $1000 \cdot \frac{\pi \cdot \varphi}{360}$	Abszisse AB=Halbe Sehne AH. $1000 \cdot \sin\frac{\varphi}{2}$	Ordinate BS = Pfeilhöhe HS. $1000 \cdot (1-\cos\frac{\varphi}{2})$	Scheitelabstand WS. $1000 \cdot (\sec\frac{\varphi}{2}-1)$
90	0	1000.000	1570.796	707.107	292.893	414.214
	10	1002.913	1573.705	708.135	293.922	416.274
	20	1005.835	1576.614	709.161	294.953	418.345
	30	1008.765	1579.523	710.185	295.985	420.424
	40	1011.703	1582.432	711.209	297.019	422.513
	50	1014.651	1585.341	712.230	298.054	424.611
91	0	1017.607	1588.250	713.250	299.091	426.718
	10	1020.572	1591.159	714.269	300.129	428.833
	20	1023.546	1594.067	715.286	301.169	430.959
	30	1026.529	1596.976	716.302	302.210	433.095
	40	1029.520	1599.885	717.316	303.252	435.238
	50	1032.521	1602.794	718.329	304.296	437.393
92	0	1035.530	1605.703	719.340	305.342	439.556
	10	1038.549	1608.612	720.349	306.389	441.729
	20	1041.577	1611.521	721.357	307.437	443.912
	30	1044.614	1614.430	722.364	308.487	446.104
	40	1047.660	1617.338	723.369	309.538	448.306
	50	1050.715	1620.247	724.372	310.591	450.517
93	0	1053.780	1623.156	725.374	311.645	452.739
	10	1056.854	1626.065	726.375	312.701	454.971
	20	1059.938	1628.974	727.374	313.758	457.212
	30	1063.031	1631.883	728.371	314.817	459.464
	40	1066.134	1634.792	729.367	315.877	461.725
	50	1069.247	1637.701	730.361	316.939	463.997
94	0	1072.369	1640.610	731.354	318.002	466.279
	10	1075.501	1643.518	732.345	319.066	468.572
	20	1078.642	1646.427	733.334	320.132	470.873
	30	1081.794	1649.336	734.322	321.199	473.186
	40	1084.955	1652.245	735.309	322.268	475.509
	50	1088.127	1655.154	736.294	323.338	477.843
95	0	1091.308	1658.063	737.277	324.410	480.188

Zentriwinkel $\varphi = 95$ bis 100 Grad.

Grad.	Minuten.	Tangente AW. $1000 \cdot \tg \frac{\varphi}{2}$	Bogenlänge ASA'. $1000 \cdot \frac{\pi \cdot \varphi}{180}$	Abszisse AB=Halbe Sehne AH. $1000 \cdot \sin\frac{\varphi}{2}$	Ordinate BS = Pfeilhöhe HS. $1000 \cdot (1-\cos\frac{\varphi}{2})$	Scheitelabstand WS. $1000 \cdot (\sec\frac{\varphi}{2}-1)$
95	0	1091.308	1658.063	737.277	324.410	480.188
	10	1094.500	1660.972	738.259	325.483	482.542
	20	1097.702	1663.881	739.239	326.557	484.906
	30	1100.914	1666.789	740.218	327.633	487.283
	40	1104.136	1669.698	741.195	328.710	489.670
	50	1107.369	1672.607	742.171	329.789	492.067
96	0	1110.612	1675.516	743.145	330.869	494.476
	10	1113.866	1678.425	744.117	331.951	496.896
	20	1117.131	1681.334	745.088	333.034	499.326
	30	1120.405	1684.243	746.057	334.118	501.768
	40	1123.691	1687.152	747.025	335.204	504.221
	50	1126.987	1690.060	747.991	336.291	506.685
97	0	1130.294	1692.969	748.956	337.380	509.160
	10	1133.612	1695.878	749.919	338.470	511.646
	20	1136.941	1698.787	750.880	339.561	514.145
	30	1140.281	1701.696	751.840	340.654	516.653
	40	1143.633	1704.605	752.798	341.748	519.174
	50	1146.995	1707.514	753.755	342.844	521.708
98	0	1150.368	1710.423	754.710	343.941	524.253
	10	1153.753	1713.332	755.663	345.039	526.809
	20	1157.149	1716.240	756.615	346.139	529.378
	30	1160.557	1719.149	757.565	347.240	531.957
	40	1163.976	1722.058	758.514	348.343	534.548
	50	1167.407	1724.967	759.461	349.447	537.152
99	0	1170.850	1727.876	760.406	350.552	539.768
	10	1174.304	1730.785	761.350	351.659	542.397
	20	1177.770	1733.694	762.292	352.767	545.038
	30	1181.248	1736.603	763.232	353.876	547.689
	40	1184.738	1739.511	764.171	354.987	550.355
	50	1188.239	1742.420	765.109	356.099	553.034
100	0	1191.754	1745.329	766.044	357.212	555.725

Zentriwinkel φ = 100 bis 105 Grad.

Grad.	Minuten.	Tangente AW. $1000 \cdot \text{tg}\frac{\varphi}{2}$	Bogen- länge ASA'. $1000 \cdot \frac{\pi \cdot \varphi}{180}$	Abszisse AB=Halbe Sehne AH. $1000 \cdot \sin\frac{\varphi}{2}$	Ordinate BS = Pfeil- höhe HS. $1000 \cdot (1-\cos\frac{\varphi}{2})$	Scheitel- abstand WS. $1000 \cdot (\sec\frac{\varphi}{2}-1)$
100	0	1191.754	1745.329	766.044	357.212	555.725
	10	1195.280	1748.238	766.978	358.327	558.427
	20	1198.818	1751.147	767.911	359.443	561.142
	30	1202.369	1754.056	768.842	360.561	563.871
	40	1205.933	1756.965	769.771	361.680	566.612
	50	1209.508	1759.874	770.699	362.800	569.366
101	0	1213.097	1762.783	771.625	363.922	572.133
	10	1216.698	1765.691	772.549	365.045	574.914
	20	1220.312	1768.600	773.472	366.169	577.708
	30	1223.939	1771.509	774.393	367.295	580.514
	40	1227.579	1774.418	775.312	368.422	583.333
	50	1231.231	1777.327	776.230	369.550	586.166
102	0	1234.897	1780.236	777.146	370.680	589.015
	10	1238.576	1783.145	778.060	371.811	591.876
	20	1242.269	1786.054	778.973	372.943	594.751
	30	1245.974	1788.963	779.884	374.076	597.639
	40	1249.693	1791.871	780.794	375.211	600.541
	50	1253.426	1794.780	781.702	376.348	603.457
103	0	1257.172	1797.689	782.608	377.485	606.387
	10	1260.932	1800.598	783.513	378.624	609.332
	20	1264.706	1803.507	784.416	379.764	612.290
	30	1268.494	1806.416	785.317	380.906	615.263
	40	1272.296	1809.325	786.217	382.049	618.251
	50	1276.112	1812.234	787.115	383.193	621.252
104	0	1279.942	1815.142	788.011	384.338	624.269
	10	1283.786	1818.051	788.905	385.485	627.300
	20	1287.645	1820.960	789.798	386.633	630.346
	30	1291.518	1823.369	790.690	387.783	633.406
	40	1295.406	1826.778	791.579	388.933	636.482
	50	1299.308	1829.587	792.467	390.085	639.573
105	0	1303.225	1832.596	793.353	391.239	642.679

Zentriwinkel $\varphi = 105$ bis 110 Grad.

Grad.	Minuten.	Tangente AW. $1000 \cdot \mathrm{tg}\frac{\varphi}{2}$	Bogenlänge ASA'. $1000 \cdot \frac{\pi \cdot \varphi}{180}$	Abszisse AB=Halbe Sehne AH. $1000 \cdot \sin\frac{\varphi}{2}$	Ordinate BS = Pfeilhöhe HS. $1000 \cdot (1-\cos\frac{\varphi}{2})$	Scheitelabstand WS. $1000 \cdot (\sec\frac{\varphi}{2}-1)$
105	0	1303.225	1832.596	793.353	391.239	642.679
	10	1307.158	1835.505	794.238	392.393	645.801
	20	1311.105	1838.414	795.121	393.549	648.937
	30	1315.067	1841.322	796.002	394.706	652.090
	40	1319.044	1844.231	796.882	395.864	655.257
	50	1323.037	1847.140	797.759	397.024	658.441
106	0	1327.045	1850.049	798.636	398.185	661.640
	10	1331.068	1852.958	799.510	399.347	664.885
	20	1335.108	1855.867	800.383	400.511	668.086
	30	1339.162	1858.776	801.254	401.675	671.333
	40	1343.233	1861.685	802.123	402.841	674.596
	50	1347.320	1864.593	802.991	404.009	677.876
107	0	1351.422	1867.502	803.857	405.177	681.173
	10	1355.541	1870.411	804.721	406.347	684.486
	20	1359.676	1873.320	805.584	407.518	687.815
	30	1363.828	1876.229	806.445	408.690	691.161
	40	1367.996	1879.138	807.304	409.864	694.524
	50	1372.181	1882.047	808.161	411.039	697.904
108	0	1376.382	1884.956	809.017	412.215	701.301
	10	1380.600	1887.865	809.871	413.392	704.716
	20	1384.835	1890.773	810.723	414.571	708.148
	30	1389.088	1893.682	811.574	415.750	711.598
	40	1393.357	1896.591	812.423	416.931	715.064
	50	1397.644	1899.500	813.270	418.114	718.548
109	0	1401.948	1902.409	814.116	419.297	722.050
	10	1406.270	1905.318	814.959	420.482	725.571
	20	1410.610	1908.227	815.801	421.668	729.109
	30	1414.967	1911.136	816.642	422.855	732.666
	40	1419.343	1914.044	817.480	424.043	736.241
	50	1423.736	1916.953	818.317	425.233	739.834
110	0	1428.148	1919.862	819.152	426.424	743.447

Zentriwinkel $\varphi = 110$ bis 115 Grad.

Grad.	Minuten.	Tangente AW. $1000 \cdot \tg\frac{\varphi}{2}$	Bogenlänge ASA'. $1000 \cdot \frac{\pi \cdot \varphi}{180}$	Abszisse AB=Halbe Sehne AH. $1000 \cdot \sin\frac{\varphi}{2}$	Ordinate BS = Pfeilhöhe HS. $1000 \cdot \left(1-\cos\frac{\varphi}{2}\right)$	Scheitelabstand WS. $1000 \cdot \left(\sec\frac{\varphi}{2}-1\right)$
110	0	1428.148	1919.862	819.152	426.424	743.447
	10	1432.578	1922.771	819.985	427.616	747.078
	20	1437.027	1925.680	820.817	428.809	750.728
	30	1441.494	1928.589	821.647	430.003	754.396
	40	1445.980	1931.498	822.475	431.199	758.084
	50	1450.485	1934.407	823.301	432.396	761.791
111	0	1455.009	1937.316	824.126	433.594	765.517
	10	1459.552	1940.224	824.949	434.793	769.263
	20	1464.115	1943.133	825.770	435.993	773.029
	30	1468.697	1946.042	826.590	437.195	776.815
	40	1473.298	1948.951	827.407	438.398	780.620
	50	1477.920	1951.860	828.223	439.602	784.445
112	0	1482.561	1954.769	829.038	440.807	788.291
	10	1487.222	1957.678	829.850	442.014	792.157
	20	1491.904	1960.587	830.661	443.221	796.043
	30	1496.606	1963.495	831.470	444.430	799.951
	40	1501.328	1966.404	832.277	445.640	803.880
	50	1506.071	1969.313	833.082	446.851	807.830
113	0	1510.835	1972.222	833.886	448.063	811.801
	10	1515.620	1975.131	834.688	449.276	815.793
	20	1520.426	1978.040	835.488	450.491	819.806
	30	1525.253	1980.949	836.286	451.707	823.841
	40	1530.102	1983.858	837.083	452.924	827.898
	50	1534.973	1986.767	837.877	454.142	831.978
114	0	1539.865	1989.675	838.671	455.361	836.078
	10	1544.779	1992.584	839.462	456.581	840.203
	20	1549.715	1995.493	840.251	457.803	844.348
	30	1554.674	1998.402	841.039	459.026	848.516
	40	1559.655	2001.311	841.825	460.249	852.706
	50	1564.659	2004.220	842.609	461.474	856.921
115	0	1569.686	2007.129	843.391	462.700	861.159

Zentriwinkel φ = 115 bis 120 Grad.

Grad.	Minuten.	Tangente AW. $1000 \cdot \operatorname{tg} \frac{\varphi}{2}$	Bogenlänge ASA'. $1000 \cdot \frac{\pi \cdot \varphi}{180}$	Abszisse AB=Halbe Sehne AH. $1000 \cdot \sin \frac{\varphi}{2}$	Ordinate BS = Pfeilhöhe HS. $1000 \cdot \left(1-\cos\frac{\varphi}{2}\right)$	Scheitelabstand WS. $1000 \cdot \left(\sec\frac{\varphi}{2}-1\right)$
115	0	1569.686	2007.129	843.391	462.700	861.159
	10	1574.735	2010.038	844.172	463.928	865.419
	20	1579.808	2012.946	844.951	465.156	869.704
	30	1584.904	2015.855	845.728	466.386	874.013
	40	1590.024	2018.764	846.503	467.616	878.344
	50	1595.167	2021.673	847.276	468.848	882.699
116	0	1600.335	2024.582	848.048	470.081	887.080
	10	1605.526	2027.491	848.818	471.315	891.485
	20	1610.742	2030.400	849.586	472.550	895.915
	30	1615.982	2033.309	850.352	473.786	900.368
	40	1621.247	2036.218	851.117	475.023	904.848
	50	1626.537	2039.126	851.879	476.262	909.351
117	0	1631.852	2042.035	852.640	477.501	913.880
	10	1637.192	2044.944	853.399	478.742	918.435
	20	1642.558	2047.853	854.156	479.984	923.016
	30	1647.949	2050.762	854.912	481.227	927.624
	40	1653.366	2053.671	855.666	482.471	932.258
	50	1658.810	2056.580	856.417	483.716	936.918
118	0	1664.279	2059.489	857.167	484.962	941.605
	10	1669.776	2062.397	857.915	486.209	946.318
	20	1675.299	2065.306	858.662	487.457	951.058
	30	1680.849	2068.215	859.406	488.707	955.826
	40	1686.426	2071.124	860.149	489.957	960.621
	50	1692.031	2074.033	860.891	491.209	965.444
119	0	1697.663	2076.942	861.629	492.462	970.295
	10	1703.323	2079.851	862.366	493.715	975.174
	20	1709.012	2082.760	863.102	494.970	980.081
	30	1714.728	2085.669	863.835	496.226	985.017
	40	1720.474	2088.577	864.567	497.483	989.982
	50	1726.248	2091.486	865.297	498.741	994.976
120	0	1732.051	2094.395	866.025	500.000	1000.000

Zahlentafel II

enthaltend die Abszissen und Ordinaten zur Absteckung äquidistanter Bogenpunkte für alle vorkommenden Halbmesser von 20 bis 10000.

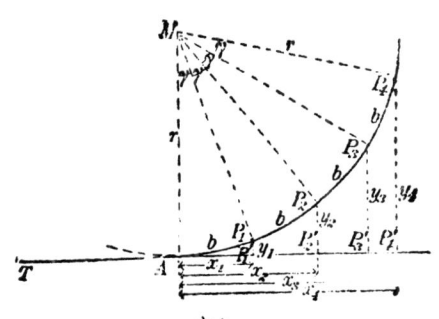

Abb. .

Zahlentafel II.

Bogenlänge AP	R = 21		R = 22		R = 23	
	Abszisse AP'	Ordinate P'P	Abszisse AP'	Ordinate P'P	Abszisse AP'	Ordinate P'P
5	4.95	0.59	4.96	0.57	4.96	0.54
10	9.63	2.34	9.66	2.23	9.69	2.14
15	13.76	5.13	13.86	4.92	13.96	4.72
20	17.11	8.83	17.36	8.48	17.57	8.16

Bogenlänge AP	R = 24		R = 25		R = 26	
	Abszisse AP'	Ordinate P'P	Abszisse AP'	Ordinate P'P	Abszisse AP'	Ordinate P'P
5	4.96	0.52	4.97	0.50	4.97	0.48
10	9.71	2.05	9.74	1.97	9.76	1.90
15	14.04	4.54	14.12	4.37	14.18	4.21
20	17.76	7.86	17.93	7.58	18.09	7.32
25	20.72	11.89	21.04	11.49	21.32	11.12

Bogenlänge AP	R = 27		R = 28		R = 29	
	Abszisse AP'	Ordinate P'P	Abszisse AP'	Ordinate P'P	Abszisse AP'	Ordinate P'P
5	4.97	0.46	4.97	0.45	4.98	0.43
10	9.77	1.83	9.79	1.77	9.80	1.71
15	14.24	4.06	14.29	3.92	14.34	3.79
20	18.22	7.07	18.34	6.84	18.45	6.63
25	21.58	10.77	21.81	10.44	22.02	10.12
30	.	.	.	.	24.93	14.18

Bogenlänge AP	R = 30		R = 31		R = 32	
	Abszisse AP'	Ordinate P'P	Abszisse AP'	Ordinate P'P	Abszisse AP'	Ordinate P'P
5	4.98	0.42	4.98	0.40	4.98	0.39
10	9.82	1.65	9.83	1.60	9.84	1.55
15	14.38	3.67	14.42	3.56	14.46	3.45
20	18.55	6.42	18.64	6.23	18.72	6.05
25	22.21	9.83	22.38	9.55	22.53	9.28
30	25.24	13.79	25.53	13.42	25.79	13.06

$R = 21$ bis $R = 41$.

Bogenlänge AP	R = 33		R = 34		R = 35	
	Abszisse AP'	Ordinate P'P	Abszisse AP'	Ordinate P'P	Abszisse AP'	Ordinate P'P
5	4.98	0.38	4.98	0.37	4.98	0.36
10	9.85	1.50	9.86	1.46	9.86	1.42
15	14.49	3.35	14.57	3.26	14.55	3.17
20	18.80	5.88	18.87	5.71	18.93	5.56
25	22.68	9.03	22.81	8.78	22.93	8.56
30	26.04	12.72	26.31	12.40	26.46	12.09
35	.	.	29.14	16.48	29.45	16.09

Bogenlänge AP	R = 36		R = 37		R = 38	
	Abszisse AP'	Ordinate P'P	Abszisse AP'	Ordinate P'P	Abszisse AP'	Ordinate P'P
5	4.98	0.35	4.98	0.34	4.99	0.33
10	9.87	1.38	9.88	1.34	9.88	1.31
15	14.57	3.08	14.59	3.00	14.61	2.92
20	18.99	5.41	19.04	5.28	19.09	5.14
25	23.04	8.34	23.14	8.13	23.24	7.93
30	26.65	11.79	26.82	11.51	26.98	11.24
35	29.74	15.72	30.01	15.36	30.26	15.01

Bogenlänge AP	R = 39		R = 40		R = 41	
	Abszisse AP'	Ordinate P'P	Abszisse AP'	Ordinate P'P	Abszisse AP'	Ordinate P'P
5	4.99	0.32	4.99	0.31	4.99	0.30
10	9.89	1.28	9.90	1.24	9.90	1.21
15	14.63	2.85	14.65	2.78	14.67	2.71
20	19.13	5.02	19.18	4.90	19.22	4.78
25	23.32	7.74	23.40	7.56	23.48	7.39
30	27.13	10.98	27.27	10.73	27.39	10.49
35	30.49	14.68	30.70	14.36	30.90	14.05
40	33.35	18.78	33.66	18.39	33.95	18.01

Zahlentafel II.

Bogen-länge AP	R = 42		R = 43		R = 44	
	Abszisse AP'	Ordinate P'P	Abszisse AP'	Ordinate P'P	Abszisse AP'	Ordinate P'P
5	4.99	0.30	4.99	0.29	4.99	0.28
10	9.91	1.18	9.91	1.16	9.91	1.13
15	14.68	2.65	14.70	2.59	14.71	2.53
20	19.25	4.67	19.29	4.57	19.32	4.47
25	23.55	7.22	23.62	7.07	23.68	6.91
30	27.51	10.27	27.62	10.05	27.73	9.84
35	31.09	13.76	31.26	13.47	31.42	13.20
40	34.22	17.65	34.48	17.30	34.71	16.96
45	.	.	37.22	21.47	37.56	21.07

Bogen-länge AP	R = 45		R = 46		R = 47	
	Abszisse AP'	Ordinate P'P	Abszisse AP'	Ordinate P'P	Abszisse AP'	Ordinate P'P
5	4.99	0.28	4.99	0.27	4.99	0.27
10	9.92	1.11	9.92	1.08	9.92	1.06
15	14.72	2.48	14.74	2.42	14.75	2.37
20	19.35	4.37	19.38	4.28	19.40	4.19
25	23.73	6.77	23.79	6.63	23.84	6.49
30	27.83	9.64	27.92	9.44	28.00	9.25
35	31.58	12.94	31.72	12.69	31.85	12.44
40	34.94	16.64	35.15	16.32	35.34	16.02
45	37.87	20.69	38.16	20.31	38.43	19.95

Bogen-länge AP	R = 48		R = 49		R = 50	
	Abszisse AP'	Ordinate P'P	Abszisse AP'	Ordinate P'P	Abszisse AP'	Ordinate P'P
5	4.99	0.26	4.99	0.25	4.99	0.25
10	9.93	1.04	9.93	1.02	9.93	1.00
15	14.76	2.32	14.77	2.28	14.78	2.23
20	19.43	4.11	19.45	4.03	19.47	3.95
25	23.88	6.36	23.93	6.24	23.97	6.12
30	28.08	9.07	28.16	8.90	28.23	8.73
35	31.98	12.20	32.10	11.98	32.21	11.76
40	35.53	15.72	35.70	15.44	35.87	15.16

$$R = 42 \text{ bis } R = 62.$$

Bogen-länge AP	R = 48		R = 49		R = 50	
	Abszisse AP'	Ordinate P'P	Abszisse AP'	Ordinate P'P	Abszisse AP'	Ordinate P'P
45	38.69	19.59	38.94	19.25	39.17	18.92
50	41.44	23.77	41.76	23.37	42.07	22.98

Bogen-länge AP	R = 52		R = 54		R = 56	
	Abszisse AP'	Ordinate P'P	Abszisse AP'	Ordinate P'P	Abszisse AP'	Ordinate P'P
5	4.99	0.24	4.99	0.23	4.99	0.22
10	9.94	0.96	9.94	0.92	9.95	0.89
15	14.79	2.15	14.81	2.07	14.82	2.00
20	19.51	3.80	19.55	3.66	19.58	3.53
25	24.05	5.89	24.12	5.68	24.18	5.49
30	28.36	8.42	28.48	8.12	28.59	7.85
35	32.42	11.34	32.60	10.95	32.77	10.59
40	36.17	14.64	36.44	14.15	36.68	13.69
45	39.59	18.29	39.97	17.69	40.31	17.13
50	42.64	22.24	43.16	21.54	43.62	20.88
55	.	.	45.97	25.67	46.57	24.91

Bogen-länge AP	R = 58		R = 60		R = 62	
	Abszisse AP'	Ordinate P'P	Abszisse AP'	Ordinate P'P	Abszisse AP'	Ordinate P'P
5	4.99	0.22	4.99	0.21	4.99	0.20
10	9.95	0.86	9.95	0.83	9.96	0.80
15	14.83	1.93	14.84	1.87	14.85	1.81
20	19.61	3.41	19.63	3.30	19.65	3.20
25	24.23	5.31	24.28	5.13	24.33	4.97
30	28.68	7.59	28.77	7.35	28.84	7.12
35	32.91	10.24	33.05	9.92	33.17	9.62
40	36.90	13.26	37.10	12.85	37.28	12.46
45	40.62	16.60	40.90	16.10	41.15	15.63
50	44.03	20.25	44.41	19.66	44.75	19.09
55	47.12	24.18	47.61	23.49	48.06	22.84
60	49.86	28.36	50.49	27.58	51.06	26.84

Zahlentafel II.

Bogen-länge AP	R = 64		R = 66		R = 68	
	Abszisse AP'	Ordinate P'P	Abszisse AP'	Ordinate P'P	Abszisse AP'	Ordinate P'P
5	4.99	0.20	5.00	0.19	5.00	0.18
10	9.96	0.78	9.96	0.76	9.96	0.73
15	14.86	1.75	14.87	1.70	14.88	1.65
20	19.68	3.10	19.70	3.01	19.71	2.92
25	24.37	4.82	24.41	4.68	24.44	4.54
30	28.91	6.90	28.98	6.70	29.04	6.51
35	33.28	9.33	33.38	9.06	33.47	8.81
40	37.45	12.10	37.60	11.75	37.73	11.43
45	41.38	15.18	41.59	14.76	41.79	14.35
50	45.07	18.56	45.35	18.05	45.61	17.57
55	48.48	22.21	48.85	21.62	49.20	21.06
60	51.59	26.12	52.07	25.45	52.61	24.80
65	54.39	30.27	54.99	29.50	55.54	28.77
70	.	.	.	.	58.28	32.96

Bogen-länge AP	R = 70		R = 72		R = 74	
	Abszisse AP'	Ordinate P'P	Abszisse AP'	Ordinate P'P	Abszisse AP'	Ordinate P'P
5	5.00	0.18	5.00	0.17	5.00	0.17
10	9.97	0.71	9.97	0.69	9.97	0.67
15	14.89	1.60	14.89	1.56	14.90	1.52
20	19.73	2.84	19.74	2.76	19.76	2.69
25	24.47	4.42	24.50	4.30	24.53	4.18
30	29.09	6.33	29.14	6.16	29.18	6.00
35	33.56	8.57	33.64	8.34	33.71	8.12
40	37.86	11.12	37.97	10.83	38.08	10.55
45	41.96	13.97	42.13	13.61	42.28	13.27
50	45.86	17.11	46.08	16.67	46.28	16.26
55	49.51	20.52	49.80	20.01	50.07	19.52
60	52.92	24.18	53.29	23.59	53.64	23.02
65	56.05	28.07	56.52	27.40	56.96	26.76
70	58.90	32.18	59.48	31.43	60.02	30.71
75	.	.	62.15	35.66	62.80	34.86

$R = 64$ bis $R = 86$.

Bogen-länge AP	$R = 76$		$R = 78$		$R = 80$	
	Abszisse AP'	Ordinate P'P	Abszisse AP'	Ordinate P'P	Abszisse AP'	Ordinate P'P
5	5.00	0.16	5.00	0.16	5.00	0.16
10	9.97	0.66	9.97	0.64	9.97	0.62
15	14.90	1.48	14.91	1.44	14.91	1.40
20	19.77	2.62	19.78	2.55	19.79	2.49
25	24.55	4.07	24.57	3.97	24.60	3.87
30	29.23	5.84	29.27	5.70	29.30	5.56
35	33.78	7.92	33.84	7.72	33.89	7.53
40	38.18	10.29	38.27	10.03	38.35	9.79
45	42.42	12.94	42.54	12.62	42.66	12.33
50	46.47	15.86	46.65	15.48	46.81	15.12
55	50.32	19.05	50.55	18.60	50.77	18.17
60	53.96	22.48	54.26	21.96	54.53	21.46
65	57.36	26.14	57.73	25.55	58.08	24.99
70	60.51	30.02	60.97	29.36	61.40	28.72
75	63.41	34.10	63.97	33.36	64.49	32.66
80	.	.	66.69	37.55	67.32	36.78

Bogen-länge AP	$R = 82$		$R = 84$		$R = 86$	
	Abszisse AP'	Ordinate P'P	Abszisse AP'	Ordinate P'P	Abszisse AP'	Ordinate P'P
5	5.00	0.15	5.00	0.15	5.00	0.15
10	9.98	0.61	9.98	0.59	9.98	0.58
15	14.92	1.37	14.92	1.34	14.92	1.30
20	19.80	2.43	19.81	2.37	19.82	2.32
25	24.61	3.78	24.63	3.69	24.65	3.61
30	29.34	5.43	29.37	5.30	29.40	5.18
35	33.95	7.36	34.00	7.19	34.04	7.02
40	38.43	9.56	38.51	9.35	38.57	9.14
45	42.78	12.04	42.88	11.77	42.97	11.51
50	46.96	14.78	47.10	14.45	47.23	14.13

Zahlentafel II.

Bogen-länge AP	R = 82		R = 84		R = 86	
	Abszisse AP'	Ordinate P'P	Abszisse AP'	Ordinate P'P	Abszisse AP'	Ordinate P'P
55	50.97	17.76	51.15	17.37	51.33	17.00
60	54.79	20.99	55.03	20.53	55.25	20.09
65	58.40	24.44	58.70	23.92	58.99	23.42
70	61.80	28.11	62.17	27.52	62.52	26.95
75	64.97	31.97	65.42	31.32	65.85	30.68
80	67.90	36.03	68.44	35.30	68.95	34.60
85	70.57	40.25	71.22	39.46	71.82	38.70

Bogen-länge AP	R = 88		R = 90		R = 92	
	Abszisse AP'	Ordinate P'P	Abszisse AP'	Ordinate P'P	Abszisse AP'	Ordinate P'P
5	5.00	0.14	5.00	0.14	5.00	0.14
10	9.98	0.57	9.98	0.55	9.98	0.54
15	14.93	1.28	14.93	1.25	14.93	1.22
20	19.83	2.26	19.84	2.21	19.84	2.17
25	24.67	3.53	24.68	3.45	24.69	3.38
30	29.42	5.06	29.45	4.95	29.47	4.85
35	34.08	6.87	34.12	6.72	34.16	6.58
40	38.64	8.94	38.70	8.74	38.75	8.56
45	43.06	11.26	43.15	11.02	43.23	10.79
50	47.35	13.83	47.47	13.54	47.57	13.26
55	51.49	16.64	51.64	16.29	51.78	15.96
60	55.46	19.67	55.65	19.27	55.84	18.88
65	59.25	22.93	59.49	22.47	59.73	22.02
70	62.85	26.40	63.15	25.88	63.44	25.37
75	66.24	30.07	66.62	29.48	66.96	28.91
80	69.43	33.93	69.87	33.28	70.29	32.64
85	72.39	37.96	72.92	37.24	73.41	36.55
90	75.11	42.15	75.73	41.37	76.32	40.62
95	.	.	.	.	78.99	44.84

R = 88 bis R = 120.

Bogen-länge AP	R = 94		R = 96		R = 98	
	Abszisse AP'	Ordinate P'P	Abszisse AP'	Ordinate P'P	Abszisse AP'	Ordinate P'P
5	5.00	0.13	5.00	0.13	5.00	0.13
10	9.98	0.53	9.98	0.52	9.98	0.51
15	14.94	1.19	14.94	1.17	14.94	1.15
20	19.85	2.12	19.86	2.08	19.86	2.03
25	24.71	3.30	24.72	3.24	24.73	3.17
30	29.49	4.75	29.51	4.65	29.53	4.56
35	34.20	6.44	34.23	6.31	34.26	6.18
40	38.80	8.38	38.85	8.21	38.90	8.05
45	43.30	10.57	43.37	10.36	43.44	10.15
50	47.68	12.99	47.77	12.73	47.86	12.48
55	51.92	15.64	52.04	15.33	52.16	15.03
60	56.01	18.51	56.17	18.15	56.32	17.80
65	59.94	21.59	60.15	21.18	60.34	20.78
70	63.71	24.88	63.95	24.41	64.20	23.95
75	67.29	28.37	67.60	27.84	67.89	27.33
80	70.69	32.04	71.06	31.45	71.41	30.88
85	73.88	35.88	74.32	35.24	74.74	34.61
90	76.87	39.89	77.38	39.19	77.87	38.50
95	79.63	44.06	80.24	43.29	80.80	42.55
100	.	.	82.87	47.54	83.53	46.74

Bogen-länge AP	R = 100		R = 110		R = 120	
	Abszisse AP'	Ordinate P'P	Abszisse AP'	Ordinate P'P	Abszisse AP'	Ordinate P'P
10	9.98	0.50	9.99	0.45	9.99	0.42
20	19.87	1.99	19.89	1.81	19.91	1.66
30	29.55	4.47	29.63	4.07	29.69	3.73
40	38.94	7.89	39.12	7.19	39.26	6.61
50	47.94	12.24	48.30	11.17	48.57	10.27
60	56.46	17.47	57.07	15.96	57.53	14.69
70	64.42	23.52	65.37	21.56	66.10	19.84
80	71.74	30.33	73.13	27.83	74.20	25.69
90	78.33	37.84	80.29	34.81	81.80	32.20
100	84.15	45.97	86.78	42.41	88.82	39.31

Zahlentafel II.

Bogen-länge AP	R = 100		R = 110		R = 120	
	Abszisse AP'	Ordinate P'P	Abszisse AP'	Ordinate P'P	Abszisse AP'	Ordinate P'P
110	.	.	92.31	50.57	95.23	46.98
120	.	.	.	.	100.98	55.16

Bogen-länge AP	R = 130		R = 140		R = 150	
	Abszisse AP'	Ordinate P'P	Abszisse AP'	Ordinate P'P	Abszisse AP'	Ordinate P'P
10	9.99	0.39	9.99	0.36	9.99	0.33
20	19.92	1.54	19.93	1.43	19.94	1.33
30	29.73	3.45	29.77	3.20	29.80	2.99
40	39.37	6.11	39.46	5.68	39.53	5.30
50	48.78	9.50	48.94	8.83	49.08	8.26
60	57.89	13.60	58.18	12.66	58.41	11.84
70	66.67	18.40	67.12	17.14	67.49	16.04
80	75.05	23.85	75.72	22.24	76.26	20.83
90	82.98	29.93	83.93	27.95	84.70	26.20
100	90.43	36.60	91.71	34.22	92.76	32.12
110	97.34	43.83	99.03	41.04	100.41	38.56
120	103.67	51.56	105.84	48.36	107.60	45.49
130	109.39	59.76	112.11	56.14	114.33	52.89
140	.	.	117.81	64.36	120.54	60.73
150	.	.	.	.	126.22	68.95

Bogen-länge AP	R = 160		R = 170		R = 180	
	Abszisse AP'	Ordinate P'P	Abszisse AP'	Ordinate P'P	Abszisse AP'	Ordinate P'P
10	9.99	0.31	9.99	0.29	9.99	0.28
20	19.95	1.25	19.95	1.18	19.96	1.11
30	29.82	2.80	29.84	2.64	29.86	2.49
40	39.58	4.97	39.63	4.68	39.67	4.43
50	49.19	7.75	49.28	7.30	49.36	6.90
60	58.60	11.12	58.76	10.48	58.90	9.91
70	67.79	15.07	68.04	14.21	68.25	13.44
80	76.71	19.59	77.08	18.48	77.39	17.49
90	85.33	24.65	85.85	23.27	86.30	22.04
100	93.62	30.25	94.33	28.57	94.93	27.07

R = 130 bis R = 210

Bogenlänge AP	R = 160		R = 170		R = 180	
	Abszisse AP'	Ordinate P'P	Abszisse AP'	Ordinate P'P	Abszisse AP'	Ordinate P'P
110	101.54	36.35	102.48	34.36	103.28	32.58
120	109.06	42.93	110.28	40.62	111.31	38.54
130	116.16	49.97	117.70	47.33	118.99	44.94
140	122.81	57.44	124.70	54.46	126.31	51.75
150	128.97	65.31	131.53	61.99	133.23	58.97
160	134.64	73.55	137.40	69.90	139.75	66.55
170	.	.	143.05	78.15	145.83	74.49
180	.	.	.	.	151.46	82.75

Bogenlänge AP	R = 190		R = 200		R = 210	
	Abszisse AP'	Ordinate P'P	Abszisse AP'	Ordinate P'P	Abszisse AP'	Ordinate P'P
10	10.00	0.26	10.00	0.25	10.00	0.24
20	19.96	1.05	19.97	1.00	19.97	0.95
30	29.88	2.36	29.89	2.25	29.90	2.14
40	39.71	4.20	39.73	3.99	39.76	3.80
50	49.42	6.54	49.48	6.22	49.53	5.92
60	59.01	9.40	59.10	8.93	59.19	8.51
70	68.43	12.75	68.58	12.13	68.71	11.56
80	77.66	16.59	77.88	15.79	78.08	15.05
90	86.67	20.92	86.99	19.91	87.27	18.99
100	95.45	25.71	95.89	24.48	96.26	23.36
110	103.96	30.96	104.54	29.50	105.04	28.16
120	112.18	36.65	112.93	34.93	113.58	33.36
130	120.09	42.77	121.04	40.78	121.85	38.97
140	127.67	49.29	128.84	47.03	129.86	44.96
150	134.90	56.20	136.33	53.62	137.57	51.33
160	141.75	63.48	143.47	60.66	144.96	58.06
170	148.21	71.11	150.26	68.00	152.03	65.13
180	154.26	79.07	156.67	75.68	158.75	72.53
190	159.88	87.34	162.68	83.66	165.12	80.25
200	.	.	168.29	91.94	171.11	88.25
210	.	.	.	.	176.71	96.54

Zahlentafel II.

Bogen-länge AP	R = 220		R = 230		R = 240	
	Abszisse AP'	Ordinate P'P	Abszisse AP'	Ordinate P'P	Abszisse AP'	Ordinate P'P
10	10.00	0.23	10.00	0.22	10.00	0.21
20	19.97	0.91	19.97	0.87	19.98	0.83
30	29.91	2.04	29.92	1.95	29.92	1.87
40	39.78	3.63	39.80	3.47	39.82	3.33
50	49.57	5.66	49.61	5.41	49.64	5.19
60	59.26	8.13	59.32	7.78	59.38	7.46
70	68.82	11.04	68.92	10.57	69.01	10.14
80	78.25	14.39	78.35	13.77	78.53	13.21
90	87.51	18.15	87.72	17.39	87.91	16.68
100	96.59	22.34	96.88	21.40	97.13	20.53
110	105.47	26.93	105.85	25.81	106.19	24.77
120	114.14	31.92	114.63	30.60	115.06	29.38
130	122.57	37.30	123.19	35.77	123.74	34.36
140	130.74	43.06	131.51	41.31	132.19	36.69
150	138.65	49.19	139.59	47.20	140.42	45.37
160	146.26	55.66	147.40	53.44	148.41	51.39
170	153.58	62.48	154.94	60.02	156.13	57.73
180	160.58	69.62	162.18	66.91	163.59	64.39
190	167.25	77.07	169.12	74.12	170.77	71.36
200	173.57	84.82	175.73	81.61	177.64	78.62
210	179.53	92.84	182.01	89.39	184.21	86.16
220	.	.	187.95	97.44	190.46	93.97

Bogen-länge AP	R = 250		R = 260		R = 270	
	Abszisse AP'	Ordinate P'P	Abszisse AP'	Ordinate P'P	Abszisse AP'	Ordinate P'P
10	10.00	0.20	10.00	0.19	10.00	0.19
20	19.98	0.80	19.98	0.77	19.98	0.74
30	29.93	1.80	29.93	1.73	29.94	1.66
40	39.83	3.19	39.84	3.07	39.85	2.96
50	49.67	4.98	49.69	4.79	49.71	4.62
60	59.43	7.17	59.47	6.89	59.51	6.64
70	69.09	9.74	69.16	9.37	69.22	9.02

$R = 220$ bis $R = 300$.

Bogenlänge AP	$R = 250$		$R = 260$		$R = 270$	
	Abszisse AP'	Ordinate P'P	Abszisse AP'	Ordinate P'P	Abszisse AP'	Ordinate P'P
80	78.64	12.69	78.74	12.21	78.83	11.77
90	88.07	16.03	88.21	15.42	88.39	14.86
100	97.35	19.73	97.55	18.99	97.73	18.31
110	106.48	23.81	106.75	22.92	106.98	22.10
120	115.44	28.26	115.78	27.20	116.09	26.23
130	124.22	33.05	124.65	31.83	125.04	30.70
140	132.80	38.19	133.33	36.79	133.81	35.49
150	141.16	43.67	141.82	42.08	142.40	40.61
160	149.30	49.48	150.09	47.70	150.80	46.04
170	157.20	55.61	158.14	53.62	158.99	51.77
180	164.85	62.05	165.96	59.86	166.96	57.81
190	172.23	68.79	173.54	66.39	174.70	64.14
200	179.34	75.82	180.85	73.20	182.21	70.75
210	186.16	83.13	187.90	80.30	189.46	77.63
220	192.68	90.71	194.67	87.65	196.45	84.78
230	198.90	98.54	201.15	95.27	203.18	92.18
240	.	.	.	.	209.62	99.83

Bogenlänge AP	$R = 280$		$R = 290$		$R = 300$	
	Abszisse AP'	Ordinate P'P	Abszisse AP'	Ordinate P'P	Abszisse AP'	Ordinate P'P
10	10.00	0.18	10.00	0.17	10.00	0.17
20	19.98	0.71	19.98	0.69	19.99	0.67
30	29.94	1.61	29.95	1.55	29.95	1.50
40	39.86	2.85	39.87	2.75	39.88	2.66
50	49.74	4.45	49.75	4.30	49.77	4.16
60	59.54	6.40	59.57	6.18	59.60	5.98
70	69.27	8.70	69.32	8.41	69.37	8.13
80	78.92	11.35	78.99	10.96	79.06	10.60
90	88.46	14.34	88.56	13.85	88.66	13.40
100	97.89	17.67	98.03	17.07	98.16	16.51
110	107.19	21.33	107.38	20.61	107.55	19.94
120	116.36	25.32	116.60	24.48	116.83	23.68

Zahlentafel II.

Bogen-länge AP	R = 280		R = 290		R = 300	
	Abszisse AP'	Ordinate P'P	Abszisse AP'	Ordinate P'P	Abszisse AP'	Ordinate P'P
130	125.38	29.54	125.69	28.65	125.97	27.73
140	134.24	34.28	134.63	33.14	134.97	32.08
150	142.93	39.23	143.40	37.94	143.83	36.73
160	151.43	44.48	152.01	43.03	152.52	41.66
170	159.75	50.04	160.43	48.42	161.05	46.89
180	167.86	55.89	168.66	54.09	169.39	52.40
190	175.75	62.03	176.70	60.05	177.55	58.18
200	183.42	68.44	184.52	66.28	185.51	64.23
210	190.86	75.13	192.12	72.77	193.27	70.55
220	198.05	82.07	199.55	79.52	200.82	77.12
230	204.99	89.27	206.63	86.53	208.12	83.93
240	211.67	96.71	213.53	93.77	215.21	90.99
250	.	.	.	.	222.05	98.28

Bogen-länge AP	R = 310		R = 320		R = 330	
	Abszisse AP'	Ordinate P'P	Abszisse AP'	Ordinate P'P	Abszisse AP'	Ordinate P'P
10	10.00	0.16	10.00	0.16	10.00	0.15
20	19.99	0.64	19.99	0.62	19.99	0.61
30	29.95	1.45	29.96	1.40	29.96	1.36
40	39.89	2.58	39.90	2.50	39.90	2.42
50	49.78	4.02	49.80	3.90	49.81	3.78
60	59.63	5.79	59.65	5.61	59.67	5.44
70	69.41	7.87	69.44	7.63	69.48	7.40
80	79.11	10.27	79.17	9.95	79.22	9.65
90	88.74	12.97	88.82	12.57	88.89	12.20
100	98.27	15.99	98.38	15.50	98.48	15.04
110	107.71	19.31	107.85	18.72	107.97	18.16
120	117.03	22.94	117.21	22.24	117.37	21.58
130	126.22	26.86	126.45	26.05	126.66	25.28
140	135.29	31.08	135.58	30.14	135.84	29.25
150	144.21	35.59	144.57	34.52	144.89	33.51

$R = 310$ bis $R = 360$.

Bogen-länge AP	$R = 310$		$R = 320$		$R = 330$	
	Abszisse AP'	Ordinate P'P	Abszisse AP'	Ordinate P'P	Abszisse AP'	Ordinate P'P
160	152.99	40.38	153.42	39.17	153.80	38.03
170	161.61	45.46	162.12	44.10	162.58	42.83
180	170.05	50.81	170.66	49.30	171.21	47.89
190	178.28	56.43	179.03	54.77	179.68	53.20
200	186.41	62.31	187.23	60.49	187.98	58.77
210	194.30	68.45	195.25	66.47	196.11	64.59
220	201.99	74.84	203.07	72.69	204.06	70.66
230	209.47	81.48	210.70	79.16	211.83	76.96
240	216.73	88.35	218.12	85.86	219.40	83.49
250	223.77	95.46	225.33	92.79	226.76	90.25
260	.	.	232.32	99.94	233.92	97.23

Bogen-länge AP	$R = 340$		$R = 350$		$R = 360$	
	Abszisse AP'	Ordinate P'P	Abszisse AP'	Ordinate P'P	Abszisse AP'	Ordinate P'P
10	10.00	0.15	10.00	0.14	10.00	0.14
20	19.99	0.59	19.99	0.57	19.99	0.56
30	29.96	1.32	29.96	1.29	29.97	1.25
40	39.91	2.35	39.91	2.28	39.92	2.22
50	49.82	3.67	49.83	3.57	49.84	3.47
60	59.69	5.28	59.71	5.13	59.72	4.99
70	69.51	7.18	69.53	6.98	69.56	6.78
80	79.26	9.37	79.31	9.10	79.34	8.85
90	88.95	11.84	89.01	11.51	89.07	11.19
100	98.56	14.60	98.65	14.19	98.72	13.80
110	108.09	17.64	108.20	17.14	108.30	16.68
120	117.52	20.96	117.66	20.37	117.79	19.82
130	126.86	24.55	127.03	23.87	127.19	23.22
140	136.08	28.42	136.30	27.63	136.50	26.88
150	145.18	32.56	145.45	31.65	145.70	30.80
160	154.16	36.96	154.48	35.94	154.78	34.97
170	163.00	41.62	163.39	40.48	163.75	39.40

Zahlentafel II.

Bogenlänge AP	R = 340		R = 350		R = 360	
	Abszisse AP'	Ordinate P'P	Abszisse AP'	Ordinate P'P	Abszisse AP'	Ordinate P'P
180	171.71	46.54	172.17	45.27	172.59	44.07
190	180.26	51.72	180.80	50.32	181.30	48.99
200	188.66	57.15	189.29	55.60	189.87	54.14
210	196.90	62.82	197.62	61.13	198.29	59.53
220	204.97	68.73	205.80	66.90	206.56	65.16
230	212.86	74.87	213.80	72.89	214.67	71.01
240	220.56	81.25	221.63	79.11	222.61	77.08
250	228.07	87.84	229.28	85.55	230.39	83.37
260	235.39	94.66	236.74	92.21	237.98	89.88
270	.	.	244.01	99.08	245.39	96.59

Bogenlänge AP	R = 370		R = 380		R = 390	
	Abszisse AP'	Ordinate P'P	Abszisse AP'	Ordinate P'P	Abszisse AP'	Ordinate P'P
10	10.00	0.14	10.00	0.13	10.00	0.13
20	19.99	0.54	19.99	0.53	19.99	0.51
30	29.97	1.22	29.97	1.18	29.97	1.15
40	39.92	2.16	39.93	2.10	39.93	2.05
50	49.85	3.37	49.86	3.28	49.86	3.20
60	59.74	4.85	59.75	4.73	59.76	4.61
70	69.58	6.60	69.60	6.43	69.62	6.27
80	79.38	8.62	79.41	8.39	79.44	8.18
90	89.12	10.89	89.16	10.61	89.20	10.34
100	98.79	13.43	98.85	13.08	98.91	12.75
110	108.39	16.23	108.47	15.81	108.55	15.41
120	117.91	19.29	118.02	18.79	118.12	18.32
130	127.34	22.60	127.48	22.02	127.61	21.47
140	136.68	26.17	136.85	25.50	137.01	24.86
150	145.92	29.99	146.13	29.22	146.33	28.49
160	155.06	34.06	155.31	33.19	155.55	32.36
170	164.08	38.37	164.39	37.40	164.67	36.47
180	172.98	42.93	173.34	41.84	173.68	40.81

R = 370 bis R = 420.

Bogenlänge AP	R = 370 Abszisse AP'	Ordinate P'P	R = 380 Abszisse AP'	Ordinate P'P	R = 390 Abszisse AP'	Ordinate P'P
190	181.76	47.72	182.18	46.52	182.57	45.37
200	190.40	52.75	190.89	51.43	191.35	50.17
210	198.91	58.01	199.47	56.56	200.00	55.19
220	207.27	63.50	207.91	61.93	208.52	60.42
230	215.47	69.21	216.21	67.51	216.90	65.87
240	223.52	75.15	224.36	73.30	225.14	71.54
250	231.41	81.29	232.35	79.31	233.23	77.42
260	239.12	87.65	240.18	85.53	241.16	83.50
270	246.67	94.22	247.85	91.95	248.94	89.79
280	.	.	255.34	98.57	256.56	96.27

Bogenlänge AP	R = 400 Abszisse AP'	Ordinate P'P	R = 410 Abszisse AP'	Ordinate P'P	R = 420 Abszisse AP'	Ordinate P'P
10	10.00	0.12	10.00	0.12	10.00	0.12
20	19.99	0.50	19.99	0.49	19.99	0.48
30	29.97	1.12	29.97	1.10	29.97	1.07
40	39.93	2.00	39.94	1.95	39.94	1.90
50	49.87	3.12	49.88	3.04	49.88	2.97
60	59.78	4.49	59.79	4.38	59.80	4.28
70	69.64	6.11	69.66	5.96	69.68	5.82
80	79.47	7.97	79.49	7.78	79.52	7.60
90	89.24	10.08	89.28	9.84	89.31	9.61
100	98.96	12.44	99.01	12.13	99.06	11.85
110	108.62	15.03	108.69	14.67	108.75	14.32
120	118.21	17.87	118.29	17.44	118.37	17.03
130	127.72	20.94	127.83	20.44	127.93	19.96
140	137.16	24.25	137.30	23.67	137.42	23.12
150	146.51	27.80	146.68	27.13	146.83	26.50
160	155.77	31.58	155.97	30.83	156.16	30.11
170	164.93	35.53	165.17	34.74	165.40	33.94
180	173.99	39.82	174.27	38.88	174.54	37.98

Zahlentafel II.

Bogen-länge AP	R = 400		R = 410		R = 420	
	Abszisse AP'	Ordinate P'P	Abszisse AP'	Ordinate P'P	Abszisse AP'	Ordinate P'P
190	182.94	44.28	183.27	43.19	183.59	42.25
200	191.77	48.97	192.16	47.82	192.53	46.73
210	200.49	53.87	200.94	52.61	201.36	51.42
220	209.07	58.99	209.59	57.62	210.08	56.31
230	217.53	64.32	218.13	62.84	218.68	61.42
240	225.86	69.87	226.53	68.26	227.15	66.73
250	234.04	75.61	234.79	73.89	235.50	72.23
260	242.07	81.57	242.92	79.71	243.71	77.94
270	249.96	87.72	250.90	85.74	251.78	83.84
280	257.69	94.06	258.74	91.95	259.72	89.93
290	.	.	266.42	98.36	267.50	96.20

Bogen-länge AP	R = 430		R = 440		R = 450	
	Abszisse AP'	Ordinate P'P	Abszisse AP'	Ordinate P'P	Abszisse AP'	Ordinate P'P
10	10.00	0.12	10.00	0.11	10.00	0.11
20	19.99	0.47	19.99	0.45	19.99	0.44
30	29.98	1.05	29.98	1.02	29.98	1.00
40	39.94	1.86	39.94	1.82	39.95	1.78
50	49.89	2.90	49.89	2.84	49.90	2.77
60	59.81	4.18	59.81	4.08	59.82	3.99
70	69.69	5.69	69.71	5.56	69.72	5.43
80	79.54	7.42	79.56	7.25	79.58	7.09
90	89.34	9.38	89.37	9.17	89.40	8.97
100	99.10	11.58	99.14	11.31	99.18	11.07
110	108.80	13.99	108.86	13.68	108.91	13.38
120	118.45	16.64	118.52	16.26	118.58	15.91
130	128.03	19.50	128.12	19.07	128.20	18.65
140	137.54	22.59	137.65	22.09	137.75	21.60
150	146.98	25.90	147.11	25.32	147.24	24.77
160	156.33	29.43	156.50	28.77	156.65	28.15
170	165.61	33.17	165.80	32.43	165.99	31.73

$R = 430$ bis $R = 480$.

Bogen-länge AP	$R = 430$		$R = 440$		$R = 450$	
	Abszisse AP'	Ordinate P'P	Abszisse AP'	Ordinate P'P	Abszisse AP'	Ordinate P'P
180	174.79	37.13	175.02	36.31	175.24	35.52
190	183.88	41.30	184.15	40.39	184.40	39.52
200	192.87	45.68	193.18	44.68	193.48	43.72
210	201.75	50.27	202.12	49.17	202.46	48.12
220	210.53	55.06	210.95	53.86	211.34	52.72
230	219.19	60.06	219.67	58.76	220.12	57.51
240	227.73	65.26	228.27	63.85	228.78	62.50
250	236.15	70.65	236.76	69.13	237.34	67.68
260	244.44	76.24	245.13	74.61	245.77	73.04
270	252.60	82.02	253.37	80.27	254.09	78.60
280	260.63	87.99	261.48	86.12	262.28	84.34
290	268.51	94.14	269.46	92.16	270.34	90.25
300	.	.	277.29	98.37	278.27	96.35

Bogen-länge AP	$R = 460$		$R = 470$		$R = 480$	
	Abszisse AP'	Ordinate P'P	Abszisse AP'	Ordinate P'P	Abszisse A'P	Ordinate P'P
10	10.00	0.11	10.00	0.11	10.00	0.10
20	19.99	0.43	19.99	0.43	19.99	0.42
30	29.98	0.98	29.98	0.96	29.98	0.94
40	39.95	1.74	39.95	1.70	39.95	1.67
50	49.90	2.71	49.91	2.66	49.91	2.60
60	59.83	3.91	59.84	3.82	59.84	3.75
70	69.73	5.32	69.74	5.20	69.75	5.10
80	79.60	6.94	79.61	6.79	79.63	6.65
90	89.43	8.78	89.45	8.59	89.47	8.41
100	99.21	10.83	99.25	10.60	99.28	10.38
110	108.95	13.09	109.00	12.81	109.04	12.55
120	118.64	15.56	118.70	15.24	118.75	14.92
130	128.28	18.25	128.35	17.86	128.42	17.50
140	137.85	21.14	137.94	20.70	138.02	20.27
150	147.36	24.24	147.47	23.73	147.57	23.25

Kröhnke-Seifert, Bögen. 16. Aufl.

Zahlentafel II.

Bogen-länge AP	R = 460		R = 470		R = 480	
	Abszisse AP'	Ordinate P'P	Abszisse AP'	Ordinate P'P	Abszisse AP'	Ordinate P'P
160	156.79	27.55	156.93	26.97	157.05	26.42
170	166.16	31.06	166.32	30.41	166.47	29.79
180	175.44	34.77	175.63	34.05	175.81	33.36
190	184.64	38.68	184.87	37.88	185.08	37.12
200	193.76	42.80	194.02	41.91	194.26	41.07
210	202.78	47.11	203.08	46.14	203.36	45.21
220	211.71	51.61	212.05	50.56	212.38	49.54
230	220.54	56.31	220.93	55.16	221.30	54.06
240	229.26	61.20	229.71	59.96	230.12	58.76
250	237.87	66.28	238.33	64.94	238.85	63.65
260	246.38	71.54	246.94	70.10	247.47	68.71
270	254.76	76.99	255.39	75.44	255.99	73.96
280	263.03	82.62	263.73	80.97	264.39	79.38
290	271.17	88.43	271.95	86.67	272.68	84.97
300	279.18	94.41	280.04	92.53	280.85	90.74
310	.	.	288.01	98.58	288.89	96.67

Bogen-länge AP	R = 500		R = 520		R = 540	
	Abszisse AP'	Ordinate P'P	Abszisse AP'	Ordinate P'P	Abszisse AP'	Ordinate P'P
10	10.00	0.10	10.00	0.10	10.00	0.09
20	19.99	0.40	20.00	0.38	20.00	0.37
30	29.98	0.90	29.98	0.87	29.98	0.83
40	39.96	1.60	39.96	1.54	39.96	1.48
50	49.92	2.50	49.92	2.40	49.93	2.31
60	59.86	3.60	59.87	3.46	59.88	3.33
70	69.77	4.89	69.79	4.70	69.80	4.53
80	79.66	6.39	79.68	6.14	79.71	5.92
90	89.51	8.08	89.55	7.77	89.58	7.48
100	99.33	9.97	99.38	9.59	99.43	9.23
110	109.11	12.05	109.18	11.59	109.24	11.17
120	118.85	14.33	118.94	13.78	119.01	13.28

R = 500 bis R = 600.

Bogen-länge AP	R = 500		R = 520		R = 540	
	Abszisse AP'	Ordinate P'P	Abszisse AP'	Ordinate PP	Abszisse AP'	Ordinate P'P
130	128.54	16.80	128.65	16.17	128.75	15.57
140	138.18	19.47	138.31	18.73	138.44	18.05
150	147.76	22.33	147.93	21.49	148.08	20.70
160	157.28	25.38	157.49	24.42	157.67	23.53
170	166.74	28.62	166.99	27.54	167.21	26.54
180	176.14	32.05	176.43	30.84	176.79	29.72
190	185.46	35.67	185.80	34.33	186.10	33.08
200	194.71	39.47	195.11	37.99	195.46	36.62
210	203.88	43.46	204.34	41.83	204.75	40.32
220	212.97	47.62	213.50	45.85	213.96	44.20
230	221.97	51.97	222.57	50.04	223.11	48.25
240	230.89	56.50	231.57	54.41	232.18	52.46
250	239.71	61.21	240.48	58.95	241.16	56.84
260	248.44	66.09	249.30	63.66	250.07	61.39
270	257.07	71.15	258.03	68.54	258.89	66.11
280	265.59	76.37	266.66	73.58	267.62	70.98
290	274.01	81.77	275.20	78.79	276.26	76.02
300	282.32	87.33	283.63	84.16	284.80	81.21
310	290.52	93.06	291.96	89.70	293.25	86.56
320	298.60	98.95	300.18	95.39	301.60	92.07
330	.	.	.	.	309.84	97.73

Bogen-länge AP	R = 560		R = 580		R = 600	
	Abszisse AP'	Ordinate P'P	Abszisse AP'	Ordinate P'P	Abszisse AP'	Ordinate P'P
10	10.00	0.09	10.00	0.09	10.00	0.08
20	20.00	0.36	20.00	0.34	20.00	0.33
30	29.99	0.80	29.99	0.78	29.99	0.75
40	39.97	1.43	39.97	1.38	39.97	1.33
50	49.93	2.23	49.94	2.15	49.94	2.08
60	59.89	3.21	59.89	3.10	59.90	3.00
70	69.82	4.37	69.83	4.22	69.84	4.08

Zahlentafel II.

Bogen-länge AP	R = 560 Abszisse AP'	R = 560 Ordinate P'P	R = 580 Abszisse AP'	R = 580 Ordinate P'P	R = 600 Abszisse AP'	R = 600 Ordinate PP
80	79.73	5.70	79.75	5.51	79.76	5.33
90	89.61	7.22	89.64	6.97	89.66	6.74
100	99.47	8.90	99.51	8.60	99.54	8.31
110	109.29	10.77	109.34	10.40	109.38	10.06
120	119.08	12.81	119.15	12.37	119.20	11.96
130	128.84	15.02	128.91	14.51	128.99	14.03
140	138.55	17.41	138.64	16.81	138.73	16.26
150	148.21	19.97	148.33	19.29	148.44	18.65
160	157.83	22.70	157.98	21.93	158.11	21.21
170	167.40	25.61	167.58	24.74	167.73	23.92
180	176.92	28.68	177.12	27.71	177.31	26.80
190	186.38	31.92	186.62	30.84	186.84	29.83
200	195.78	35.34	196.06	34.14	196.32	33.03
210	205.11	38.92	205.42	37.60	205.74	36.38
220	214.38	42.66	214.76	41.23	215.10	39.88
230	223.59	46.57	224.02	45.01	224.41	43.55
240	232.72	50.65	233.21	48.95	233.65	47.36
250	241.78	54.88	242.33	53.05	242.83	51.33
260	250.76	59.28	251.38	57.31	251.94	55.46
270	259.66	63.84	260.35	61.72	260.98	59.73
280	268.48	68.55	269.25	66.28	269.95	64.16
290	277.21	73.43	278.07	71.00	278.84	68.73
300	285.85	78.45	286.80	75.87	287.66	73.45
310	294.41	83.63	295.45	80.89	296.39	78.32
320	302.87	88.97	304.01	86.06	305.04	83.33
330	311.23	94.45	312.48	91.37	313.61	88.49
340	.	.	320.86	96.83	322.09	93.78
350	.	.	.	.	330.49	99.22

$R = 620$ bis $R = 660$.

Bogen-länge AP	$R = 620$		$R = 640$		$R = 660$	
	Abszisse AP'	Ordinate P'P	Abszisse AP'	Ordinate P'P	Abszisse AP'	Ordinate P'P
10	10.00	0.08	10.00	0.08	10.00	0.08
20	20.00	0.32	20.00	0.31	20.00	0.30
30	29.99	0.73	29.99	0.70	29.99	0.68
40	39.97	1.29	39.97	1.25	39.98	1.21
50	49.95	2.02	49.95	1.95	49.95	1.89
60	59.91	2.90	59.91	2.81	59.92	2.73
70	69.85	3.95	69.86	3.82	69.87	3.71
80	79.78	5.15	79.79	4.99	79.80	4.84
90	89.68	6.52	89.70	6.32	89.72	6.13
100	99.57	8.05	99.59	7.80	99.62	7.56
110	109.42	9.73	109.46	9.43	109.49	9.15
120	119.25	11.58	119.30	11.22	119.34	10.88
130	129.05	13.58	129.11	13.16	129.16	12.76
140	138.81	15.74	138.89	15.25	138.95	14.79
150	148.54	18.06	148.63	17.50	148.71	16.97
160	158.23	20.53	158.34	19.90	158.44	19.30
170	167.88	23.16	168.01	22.45	168.13	21.77
180	177.48	25.95	177.64	25.15	177.78	24.39
190	187.04	28.89	187.22	28.00	187.39	27.16
200	196.55	31.98	196.76	31.00	196.95	30.07
210	206.01	35.23	206.25	34.15	206.47	33.13
220	215.41	38.62	215.69	37.44	215.95	36.33
230	224.76	42.17	225.08	40.89	225.37	39.67
240	234.05	45.87	234.41	44.48	234.75	43.16
250	243.28	49.72	243.69	48.21	244.06	46.79
260	252.45	53.72	252.91	52.09	253.33	50.55
270	261.55	57.87	262.06	56.11	262.53	54.46
280	270.58	62.16	271.15	60.28	271.68	58.51
290	279.54	66.60	280.18	64.59	280.76	62.69
300	288.43	71.18	289.13	69.03	289.78	67.02
310	297.24	75.90	298.02	73.62	298.73	71.47
320	305.98	80.76	306.83	78.35	307.61	76.07
330	314.64	85.77	315.57	83.21	316.42	80.80

Zahlentafel II.

Bogen-länge AP	R = 620		R = 640		R = 660	
	Abszisse AP'	Ordinate P'P	Abszisse AP'	Ordinate P'P	Abszisse AP'	Ordinate P'P
340	323.21	90.91	324.23	88.21	325.16	85.66
350	331.70	96.19	332.81	93.34	333.82	90.65
360	.	.	341.31	98.61	342.41	95.77

Bogen-länge AP	R = 680		R = 700		R = 720	
	Abszisse AP'	Ordinate P'P	Abszisse AP'	Ordinate P'P	Abszisse AP'	Ordinate P'P
10	10.00	0.07	10.00	0.07	10.00	0.07
20	20.00	0.29	20.00	0.29	20.00	0.28
30	29.99	0.66	29.99	0.64	29.99	0.62
40	39.98	1.18	39.98	1.14	39.98	1.11
50	49.95	1.84	49.96	1.79	49.96	1.74
60	59.92	2.65	59.93	2.57	59.93	2.50
70	69.88	3.60	69.88	3.50	69.89	3.40
80	79.82	4.70	79.83	4.57	79.84	4.44
90	89.74	5.95	89.75	5.78	89.77	5.62
100	99.64	7.34	99.66	7.13	99.68	6.93
110	109.52	8.88	109.55	8.63	109.57	8.39
120	119.38	10.56	119.41	10.26	119.45	9.98
130	129.21	12.39	129.25	12.04	129.29	11.70
140	139.01	14.36	139.07	13.95	139.12	13.57
150	148.79	16.48	148.85	16.01	148.92	15.57
160	158.53	18.74	158.61	18.21	158.69	17.70
170	168.23	21.14	168.33	20.54	168.42	19.98
180	177.91	23.69	178.02	23.02	178.13	22.38
190	187.54	26.37	187.68	25.63	187.80	24.92
200	197.13	29.20	197.29	28.38	197.44	27.60
210	206.68	32.17	206.86	31.26	207.04	30.41
220	216.18	35.28	216.40	34.29	216.59	33.35
230	225.64	38.53	225.88	37.45	226.11	36.42
240	235.05	41.92	235.33	40.74	235.58	39.63
250	244.41	45.44	244.72	44.17	245.01	42.97

R = 680 bis R = 780

Bogen-länge AP	R = 680		R = 700		R = 720	
	Abszisse AP'	Ordinate P'P	Abszisse AP'	Ordinate P'P	Abszisse AP'	Ordinate P'P
260	253.71	49.10	254.06	47.73	254.39	46.44
270	262.96	52.90	263.35	51.43	263.72	50.03
280	272.15	56.84	272.59	55.26	273.00	53.76
290	281.29	60.91	281.78	59.22	282.22	57.62
300	290.36	65.11	290.90	63.31	291.39	61.60
310	299.37	69.45	299.97	67.53	300.51	65.71
320	308.32	73.91	308.97	71.88	309.57	69.95
330	317.20	78.51	317.91	76.36	318.57	74.31
340	326.01	83.24	326.79	80.96	327.50	78.80
350	334.75	88.10	335.60	85.69	336.38	83.41
360	343.42	93.09	344.34	90.55	345.19	88.14
370	352.01	98.20	353.01	95.53	353.93	93.00
380	.	.	.	.	362.60	97.97

Bogen-länge AP	R = 740		R = 760		R = 780	
	Abszisse AP'	Ordinate P'P	Abszisse AP'	Ordinate P'P	Abszisse AP'	Ordinate P'P
10	10.00	0.07	10.00	0.07	10.00	0.06
20	20.00	0.27	20.00	0.26	19.98	0.26
30	29.99	0.61	29.99	0.59	29.99	0.58
40	39.98	1.08	39.98	1.05	39.98	1.03
50	49.96	1.69	49.96	1.64	49.97	1.60
60	59.93	2.43	59.94	2.37	59.94	2.31
70	69.90	3.31	69.90	3.22	69.91	3.14
80	79.84	4.32	79.85	4.21	79.86	4.10
90	89.78	5.47	89.79	5.32	89.80	5.19
100	99.70	6.75	99.71	6.57	99.73	6.40
110	109.60	8.16	109.62	7.95	109.64	7.74
120	119.47	9.71	119.50	9.45	119.53	9.21
130	129.33	11.39	129.37	11.09	129.40	10.81
140	139.17	13.20	139.21	12.86	139.25	12.53
150	148.97	15.15	149.03	14.75	149.08	14.38

Zahlentafel II.

Bogen-länge AP	R = 740		R = 760		R = 780	
	Abszisse AP'	Ordinate P'P	Abszisse AP'	Ordinate P'P	Abszisse AP'	Ordinate P'P
160	158.76	17.23	158.82	16.78	158.88	16.35
170	168.51	19.44	168.59	18.93	168.66	18.45
180	178.23	21.78	178.32	21.22	178.41	20.68
190	187.92	24.26	188.03	23.63	188.13	23.03
200	197.57	26.86	197.70	26.16	197.81	25.50
210	207.19	29.60	207.34	28.83	207.47	28.10
220	216.77	32.46	216.94	31.62	217.09	30.82
230	226.31	35.46	226.51	34.54	226.68	33.66
240	235.81	38.58	236.03	37.58	236.23	36.63
250	245.27	41.83	245.52	40.75	245.74	39.72
260	254.68	45.21	254.96	44.04	255.21	42.93
270	264.05	48.71	264.36	47.46	264.64	46.27
280	273.37	52.34	273.71	51.00	274.03	49.72
290	282.63	56.10	283.01	54.66	283.36	53.29
300	291.85	59.98	292.27	58.45	292.66	56.98
310	301.01	63.99	301.48	62.35	301.90	60.80
320	310.12	68.12	310.63	66.38	311.10	64.73
330	319.17	72.37	319.73	70.53	320.24	68.77
340	328.16	76.74	328.77	74.79	329.33	72.94
350	337.10	81.24	337.76	79.18	338.37	77.22
360	345.97	85.85	346.69	83.68	347.35	81.61
370	354.77	90.59	355.56	88.30	356.28	86.12
380	363.52	95.44	364.36	93.04	365.15	90.75
390	.	.	373.11	97.89	373.95	95.49

Bogen-länge AP	R = 800		R = 820		R = 840	
	Abszisse AP'	Ordinate P'P	Abszisse AP'	Ordinate P'P	Abszisse AP'	Ordinate P'P
10	10.00	0.06	10.00	0.06	10.00	0.06
20	20.00	0.25	20.00	0.24	20.00	0.24
30	29.99	0.56	29.99	0.55	29.99	0.54
40	39.98	1.00	39.98	0.98	39.98	0.95
50	49.97	1.56	49.97	1.52	49.97	1.49

$$R = 800 \text{ bis } R = 840.$$

Bogen-länge AP	R = 800		R = 820		R = 840	
	Abszisse AP'	Ordinate P'P	Abszisse AP'	Ordinate P'P	Abszisse AP'	Ordinate P'P
60	59.94	2.25	59.95	2.19	59.95	2.14
70	69.91	3.06	69.91	2.98	69.92	2.91
80	79.87	4.00	79.87	3.90	79.88	3.81
90	89.81	5.06	89.82	4.93	89.83	4.82
100	99.74	6.24	99.75	6.09	99.76	5.95
110	109.65	7.55	109.67	7.37	109.69	7.19
120	119.55	8.98	119.57	8.76	119.59	8.56
130	129.43	10.54	129.46	10.28	129.48	10.04
140	139.29	12.22	139.32	11.92	139.35	11.64
150	149.12	14.02	149.16	13.68	149.20	13.36
160	158.94	15.95	158.99	15.56	159.03	15.19
170	168.72	17.99	168.78	17.58	168.84	17.14
180	178.49	20.16	178.56	19.68	178.63	19.21
190	188.22	22.46	188.30	21.91	188.38	21.40
200	197.92	24.87	198.02	24.27	198.12	23.70
210	207.60	27.40	207.71	26.74	207.82	26.11
220	217.24	30.06	217.37	29.34	217.49	28.65
230	226.84	32.84	227.00	32.05	227.14	31.29
240	236.42	35.73	236.59	34.87	236.75	34.05
250	245.95	38.75	246.14	37.82	246.33	36.93
260	255.45	41.88	255.67	40.88	255.87	39.92
270	264.90	45.13	265.15	44.05	265.37	43.02
280	274.32	48.50	274.59	47.34	274.84	46.24
290	283.69	51.99	283.99	50.75	284.27	49.56
300	293.02	55.59	293.35	54.27	293.66	53.00
310	302.30	59.31	302.67	57.90	303.01	56.56
320	311.53	63.15	311.94	61.65	312.32	60.22
330	320.72	67.10	321.16	65.51	321.58	63.99
340	329.86	71.17	330.34	69.48	330.79	67.88
350	338.94	75.35	339.47	73.57	339.96	71.87
360	347.97	79.64	348.55	77.76	349.08	75.97
370	356.95	84.05	357.57	82.07	358.15	80.18
380	365.87	88.57	366.54	86.38	367.17	84.50

Zahlentafel II.

Bogen-länge AP	R = 800		R = 820		R = 840	
	Abszisse AP'	Ordinate P'P	Abszisse AP'	Ordinate P'P	Abszisse AP'	Ordinate P'P
390	374.73	93.19	375.46	91.01	376.14	88.92
400	383.54	97.93	384.32	95.64	385.05	93.45
410	.	.	.	.	393.91	98.09

Bogen-länge AP	R = 860		R = 880		R = 900	
	Abszisse AP'	Ordinate P'P	Abszisse AP'	Ordinate P'P	Abszisse AP'	Ordinate P'P
10	10.00	0.06	10.00	0.06	10.00	0.06
20	20.00	0.23	20.00	0.23	20.00	0.22
30	29.99	0.52	29.99	0.51	29.99	0.50
40	39.99	0.93	39.99	0.91	39.99	0.89
50	49.97	1.45	49.97	1.42	49.97	1.39
60	59.95	2.09	59.95	2.04	59.96	2.00
70	69.92	2.85	69.93	2.78	69.93	2.72
80	79.88	3.72	79.89	3.63	79.89	3.55
90	89.84	4.70	89.84	4.60	89.85	4.50
100	99.77	5.81	99.78	5.68	99.79	5.55
110	109.70	7.03	109.71	6.87	109.73	6.71
120	119.61	8.36	119.63	8.17	119.64	7.99
130	129.51	9.81	129.53	9.58	129.55	9.37
140	139.38	11.37	139.41	11.11	139.44	10.87
150	149.24	13.05	149.27	12.75	149.31	12.47
160	159.08	14.84	159.12	14.51	159.16	14.18
170	168.89	16.75	168.94	16.37	168.99	16.01
180	178.69	18.77	178.75	18.34	178.80	17.94
190	188.46	20.90	188.53	20.43	188.59	19.98
200	198.20	23.15	198.28	22.63	198.36	22.13
210	207.92	25.51	208.01	24.94	208.10	24.39
220	217.61	27.99	217.72	27.36	217.82	26.76
230	227.27	30.57	227.39	29.89	227.50	29.23
240	236.90	33.27	237.04	32.52	237.17	31.81
250	246.49	36.08	246.65	35.27	246.80	34.50

R = 860 bis R = 960.

Bogenlänge AP	R = 860		R = 880		R = 900	
	Abszisse AP'	Ordinate P'P	Abszisse AP'	Ordinate P'P	Abszisse AP'	Ordinate P'P
260	256.06	39.00	256.23	38.13	256.40	37.30
270	265.59	42.04	265.78	41.10	265.97	40.20
280	275.08	45.18	275.30	44.17	275.50	43.21
290	284.54	48.43	284.78	47.35	285.01	46.32
300	293.95	51.80	294.22	50.64	294.48	49.54
310	303.33	55.27	303.63	54.04	303.91	52.86
320	312.67	58.85	312.99	57.54	313.30	56.29
330	321.96	62.54	322.32	61.15	322.66	59.83
340	331.21	66.34	331.60	64.87	331.97	63.46
350	340.42	70.24	340.85	68.69	341.24	67.20
360	349.58	74.26	350.04	72.62	350.48	71.05
370	358.69	78.37	359.19	76.64	359.67	74.99
380	367.75	82.60	368.30	80.78	368.81	79.04
390	376.77	86.93	377.36	85.02	377.91	83.19
400	385.73	91.36	386.37	89.35	386.96	87.44
410	394.64	95.90	395.33	93.80	395.97	91.78
420	.	.	404.24	98.34	404.92	96.23

Bogenlänge AP	R = 920		R = 940		R = 960	
	Abszisse AP'	Ordinate P'P	Abszisse AP'	Ordinate P'P	Abszisse AP'	Ordinate P'P
10	10.00	0.05	10.00	0.05	10.00	0.05
20	20.00	0.22	20.00	0.21	20.00	0.21
30	29.99	0.49	29.99	0.48	30.00	0.47
40	39.99	0.87	39.99	0.85	39.99	0.83
50	49.98	1.36	49.98	1.33	49.98	1.30
60	59.96	1.96	59.96	1.91	59.96	1.87
70	69.93	2.66	69.94	2.61	69.94	2.55
80	79.90	3.48	79.90	3.40	79.91	3.33
90	89.86	4.40	89.86	4.31	89.87	4.21
100	99.80	5.43	99.81	5.31	99.82	5.20
110	109.74	6.57	109.75	6.43	109.76	6.30
120	119.66	7.82	119.67	7.65	119.69	7.49

Zahlentafel II.

Bogen-länge AP	R = 920 Abszisse AP'	R = 920 Ordinate P'P	R = 940 Abszisse AP'	R = 940 Ordinate P'P	R = 960 Abszisse AP'	R = 960 Ordinate P'P
130	129.57	9.17	129.59	8.98	129.60	8.79
140	139.46	10.63	139.48	10.41	139.50	10.19
150	149.34	12.20	149.36	11.94	149.39	11.69
160	159.19	13.88	159.23	13.58	159.26	13.30
170	169.03	15.66	169.07	15.33	169.11	15.01
180	178.85	17.55	178.90	17.18	178.95	16.83
190	188.65	19.55	188.71	19.14	188.76	18.74
200	198.43	21.65	198.49	21.20	198.56	20.76
210	208.18	23.86	208.26	23.36	208.33	22.88
220	217.91	26.18	218.00	25.63	218.08	25.10
230	227.61	28.60	227.71	28.00	227.81	27.42
240	237.29	31.13	237.40	30.47	237.51	29.84
250	246.93	33.76	247.07	33.05	247.18	32.37
260	256.55	36.50	256.70	35.73	256.83	34.99
270	266.14	39.34	266.30	38.51	266.45	37.72
280	275.70	42.28	275.88	41.39	276.05	40.54
290	285.22	45.33	285.42	44.38	285.61	43.47
300	294.71	48.48	294.93	47.47	295.14	46.49
310	304.17	51.74	304.41	50.66	304.64	49.62
320	313.59	55.09	313.85	53.94	314.11	52.84
330	322.97	58.55	323.26	57.33	323.54	56.16
340	332.31	62.11	332.63	60.82	332.94	59.58
350	341.62	65.78	341.97	64.41	342.30	63.10
360	350.88	69.54	351.26	68.10	351.62	66.71
370	360.11	73.40	360.52	71.88	360.91	70.42
380	369.29	77.37	369.73	75.77	370.15	74.23
390	378.42	81.43	378.91	79.75	379.36	78.14
400	387.52	85.59	388.04	83.83	388.53	82.13
410	396.56	89.86	397.12	88.01	397.65	86.23
420	405.56	94.22	406.17	92.28	406.73	90.42
430	414.51	98.67	415.16	96.65	415.77	94.70
440	.	.	.	.	424.76	99.08

$R = 1000$ bis $R = 1800$.

Bogen-länge AP	$R = 1000$		$R = 1100$		$R = 1200$	
	Abszisse AP'	Ordinate P'P	Abszisse AP'	Ordinate P'P	Abszisse AP'	Ordinate P'P
50	49.98	1.25	49.98	1.14	49.99	1.04
100	99.83	5.00	99.86	4.54	99.88	4.16
150	149.44	11.23	149.54	10.21	149.61	9.36
200	198.67	19.93	198.90	18.13	199.08	16.63
250	247.40	31.09	247.85	28.29	248.20	25.95
300	295.52	44.66	296.29	40.66	296.88	37.31
350	342.90	60.63	344.12	55.22	345.06	50.68
400	389.42	78.94	391.24	71.93	392.63	66.05
450	434.97	99.55	437.55	90.77	439.53	83.39

Bogen-länge AP	$R = 1300$		$R = 1400$		$R = 1500$	
	Abszisse AP'	Ordinate P'P	Abszisse AP'	Ordinate P'P	Abszisse AP'	Ordinate P'P
50	49.99	0.96	49.99	0.89	49.99	0.83
100	99.90	3.84	99.91	3.57	99.93	3.33
150	149.67	8.64	149.71	8.03	149.75	7.49
200	199.21	15.35	199.32	14.26	199.41	13.31
250	248.46	23.96	248.67	22.26	248.84	20.79
300	297.34	34.46	297.71	32.02	298.00	29.90
350	345.79	46.83	346.37	43.52	346.83	40.65
400	393.72	61.05	394.58	56.76	395.28	53.02
450	441.07	77.11	442.29	71.70	443.28	67.00
500	487.76	94.97	489.44	88.34	490.79	82.56
550	.	.	.	.	537.76	99.71

Bogen-länge AP	$R = 1600$		$R = 1700$		$R = 1800$	
	Abszisse AP'	Ordinate P'P	Abszisse AP'	Ordinate P'P	Abszisse AP'	Ordinate P'P
50	49.99	0.78	49.99	0.74	49.99	0.69
100	99.93	3.12	99.94	2.94	99.95	2.78
150	149.78	7.02	149.81	6.61	149.83	6.25
200	199.48	12.48	199.54	11.75	199.59	11.10
250	248.98	19.49	249.10	18.35	249.20	17.34

Zahlentafel II.

Bogen-länge AP	R = 1600		R = 1700		R = 1800	
	Abszisse AP'	Ordinate P'P	Abszisse AP'	Ordinate P'P	Abszisse AP'	Ordinate P'P
300	298.25	28.04	298.45	26.40	298.61	24.94
350	347.21	38.13	347.53	35.90	347.80	33.92
400	395.85	49.74	396.32	46.84	396.72	44.26
450	444.09	62.87	444.76	59.21	445.32	55.96
500	491.90	77.49	492.82	73.00	493.59	69.00
550	539.23	93.60	540.46	88.20	541.48	83.38
600	.	.	.	.	588.95	99.08

Bogen-länge AP	R = 1900		R = 2000		R = 2100	
	Abszisse AP'	Ordinate P'P	Abszisse AP'	Ordinate P'P	Abszisse AP'	Ordinate P'P
50	49.99	0.66	49.99	0.62	49.99	0.60
100	99.95	2.63	99.96	2.50	99.96	2.38
150	149.84	5.92	149.86	5.62	149.87	5.36
200	199.63	10.52	199.67	9.99	199.70	9.52
250	249.28	16.42	249.35	15.60	249.41	14.86
300	298.76	23.63	298.88	22.46	298.98	21.39
350	348.02	32.15	348.22	30.55	348.38	29.10
400	397.05	41.95	397.34	39.87	397.59	37.98
450	445.80	53.04	446.21	50.41	446.56	48.03
500	494.25	65.41	494.81	62.18	495.29	59.24
550	542.35	79.05	543.09	75.15	543.73	71.61
600	590.08	93.95	591.04	89.33	591.87	85.13
650	.	.	.	.	639.67	99.79

Bogen-länge AP	R = 2200		R = 2300		R = 2400	
	Abszisse AP'	Ordinate P'P	Abszisse AP'	Ordinate P'P	Abszisse AP'	Ordinate P'P
50	50.00	0.57	50.00	0.55	50.00	0.52
100	99.97	2.27	99.97	2.17	99.97	2.08
150	149.88	5.11	149.89	4.89	149.90	4.69
200	199.72	9.08	199.75	8.69	199.77	8.33
250	249.46	14.19	249.51	13.57	249.55	13.01

R = 1900 bis R = 3000.

Bogen- länge AP	R = 2200		R = 2300		R = 2400	
	Abszisse AP'	Ordinate P'P	Abszisse AP'	Ordinate P'P	Abszisse AP'	Ordinate P'P
300	299.07	20.42	299.15	19.54	299.22	18.73
350	348.53	27.78	348.65	26.58	348.76	25.48
400	397.80	36.26	397.99	34.70	398.15	33.26
450	446.87	45.86	447.13	43.88	447.37	42.06
500	495.71	56.57	496.07	54.13	496.39	51.90
550	544.29	68.39	544.77	65.45	545.20	62.75
600	592.59	81.31	593.22	77.82	593.77	74.61
650	640.58	95.33	641.38	91.24	642.08	87.30

Bogen- länge AP	R = 2500		R = 2600		R = 2700	
	Abszisse AP'	Ordinate P'P	Abszisse AP'	Ordinate P'P	Abszisse AP'	Ordinate P'P
50	50.00	0.50	50.00	0.48	50.00	0.46
100	99.97	2.00	99.98	1.92	99.98	1.85
150	149.91	4.50	149.92	4.33	149.92	4.17
200	199.79	8.00	199.80	7.69	199.82	7.40
250	249.58	12.49	249.62	12.01	249.64	11.57
300	299.28	17.98	299.33	17.29	299.38	16.64
350	348.86	24.46	348.94	23.52	349.02	22.65
400	398.30	31.93	398.42	30.71	398.54	29.58
450	447.57	40.39	447.76	38.85	447.92	37.41
500	496.67	49.83	496.92	47.93	497.15	46.16
550	545.57	60.26	545.91	57.96	546.20	55.83
600	594.26	71.66	594.69	68.92	595.07	66.39
650	642.70	84.02	643.25	80.83	643.74	77.86
700	690.89	97.36	691.57	93.66	692.18	90.23

Bogen- länge AP	R = 2800		R = 2900		R = 3000	
	Abszisse AP'	Ordinate P'P	Abszisse AP'	Ordinate P'P	Abszisse AP'	Ordinate P'P
50	50.00	0.45	50.00	0.43	50.00	0.42
100	99.98	1.79	99.98	1.72	99.98	1.67
150	149.93	4.02	149.93	3.88	149.94	3.75

Zahlentafel II.

Bogen- länge AP	R = 2800		R = 2900		R = 3000	
	Abszisse AP'	Ordinate P'P	Abszisse AP'	Ordinate PP	Abszisse AP'	Ordinate P'P
200	199.83	7.14	199.84	6.89	199.85	6.67
250	249.67	11.15	249.69	10.77	249.71	10.41
300	299.43	16.06	299.47	15.50	299.50	14.99
350	349.09	21.85	349.15	21.10	349.21	20.39
400	398.64	28.52	398.73	27.54	398.82	26.63
450	448.07	36.08	448.20	34.84	448.31	33.69
500	497.35	44.52	497.53	43.00	497.69	41.57
550	546.47	53.84	546.71	52.00	546.92	50.28
600	595.42	64.04	595.73	61.85	596.01	59.80
650	644.18	75.11	644.57	72.54	644.93	70.14
700	692.73	87.05	693.22	84.07	693.67	81.30
750	741.06	99.85	741.67	96.44	742.21	93.26

Bogen- länge AP	R = 3100		R = 3200		R = 3300	
	Abszisse AP'	Ordinate P'P	Abszisse AP'	Ordinate P'P	Abszisse AP'	Ordinate P'P
50	50.00	0.40	50.00	0.39	50.00	0.38
100	99.98	1.61	99.98	1.56	99.98	1.52
150	149.94	3.63	149.95	3.52	149.95	3.41
200	199.86	6.45	199.87	6.25	199.88	6.06
250	249.73	10.08	249.75	9.76	249.76	9.47
300	299.53	14.50	299.56	14.05	299.59	13.63
350	349.26	19.74	349.30	19.12	349.34	18.54
400	398.89	25.77	398.96	24.97	399.02	24.21
450	448.42	32.60	448.52	31.59	448.61	30.63
500	497.84	40.24	497.97	38.98	498.10	37.81
550	547.12	48.66	547.30	47.15	547.46	45.73
600	596.26	57.88	596.49	56.09	596.70	54.40
650	645.25	67.90	645.54	65.79	645.81	63.81
700	694.07	78.70	694.43	76.26	694.76	73.96
750	742.70	90.28	743.15	87.49	743.56	84.86
800	.	.	791.69	99.48	792.19	96.50

R = 3100 bis R = 3900.

Bogen-länge AP	R = 3400		R = 3500		R = 3600	
	Abszisse AP'	Ordinate P'P	Abszisse AP'	Ordinate P'P	Abszisse AP	Ordinate P'P
50	50.00	0.37	50.00	0.36	50.00	0.35
100	99.99	1.47	99.99	1.43	99.99	1.39
150	149.95	3.31	149.95	3.21	149.96	3.12
200	199.88	5.88	199.89	5.71	199.90	5.55
250	249.77	9.19	249.79	8.93	249.80	8.68
300	299.61	13.23	299.63	12.85	299.65	12.49
350	349.38	18.00	349.42	17.49	349.44	17.00
400	399.08	23.50	399.13	22.83	399.18	22.20
450	448.69	29.74	448.76	28.89	448.83	28.09
500	498.21	36.70	498.30	35.65	498.39	34.67
550	547.60	44.39	547.74	43.13	547.86	41.93
600	596.89	52.80	597.07	51.30	597.23	49.88
650	646.05	61.94	646.27	60.18	646.47	58.52
700	695.07	71.81	695.34	69.77	695.60	67.84
750	743.93	82.39	744.27	80.05	744.59	77.84
800	792.64	93.68	793.05	91.03	793.43	88.52
850	.	.	.	.	842.12	99.88

Bogen-länge AP	R = 3700		R = 3800		R = 3900	
	Abszisse AP'	Ordinate P'P	Abszisse AP'	Ordinate P'P	Abszisse AP'	Ordinate P'P
50	50.00	0.34	50.00	0.33	50.00	0.32
100	99.99	1.35	99.99	1.32	99.99	1.28
150	149.96	3.04	149.96	2.96	149.96	2.88
200	199.90	5.40	199.91	5.26	199.91	5.13
250	249.81	8.44	249.82	8.22	249.83	8.01
300	299.67	12.16	299.69	11.84	299.70	11.53
350	349.48	16.54	349.52	16.11	349.53	15.69
400	399.22	21.60	399.26	21.03	399.30	20.49
450	448.89	27.33	448.95	26.61	449.00	25.93
500	498.48	33.73	498.56	32.85	498.63	32.01
550	547.98	40.80	548.08	39.73	548.18	38.72
600	597.37	48.54	597.51	47.27	597.64	46.06

Zahlentafel II.

Bogenlänge AP	R = 3700		R = 3800		R = 3900	
	Abszisse AP'	Ordinate P'P	Abszisse AP'	Ordinate P'P	Abszisse AP'	Ordinate P'P
650	646.66	56.95	646.83	55.46	646.99	54.04
700	695.83	66.02	696.04	64.29	696.25	62.65
750	744.87	75.75	745.14	73.77	745.39	71.89
800	793.78	86.15	794.10	83.90	794.40	81.76
850	842.54	97.21	842.93	94.67	843.29	92.27

Bogenlänge AP	R = 4000		R = 4100		R = 4200	
	Abszisse AP'	Ordinate P'P	Abszisse AP'	Ordinate P'P	Abszisse AP'	Ordinate P'P
50	50.00	0.31	50.00	0.30	50.00	0.30
100	99.99	1.25	99.99	1.22	99.99	1.19
150	149.97	2.81	149.97	2.74	149.97	2.68
200	199.92	5.00	199.92	4.88	199.92	4.77
250	249.84	7.81	249.85	7.62	249.85	7.44
300	299.72	11.24	299.73	10.97	299.75	10.71
350	349.55	15.30	349.58	14.91	349.59	14.57
400	399.33	19.98	399.37	19.50	399.40	19.03
450	449.05	25.29	449.10	24.67	449.14	24.08
500	498.70	31.21	498.76	30.45	498.82	29.73
550	548.27	37.75	548.35	36.83	548.43	35.96
600	597.75	44.92	597.86	43.82	597.96	42.78
650	647.14	52.70	647.28	51.42	647.41	50.20
700	696.43	61.09	696.60	59.61	696.76	58.20
750	745.61	70.11	745.82	68.41	746.02	66.79
800	794.68	79.73	794.93	77.80	795.17	75.96
850	843.62	89.97	843.92	87.79	844.21	85.72
900	.	.	892.79	98.38	893.13	96.06

R = 4000 bis R = 4800.

Bogen-länge AP	R = 4300		R = 4400		R = 4500	
	Abszisse AP'	Ordinate P'P	Abszisse AP'	Ordinate P'P	Abszisse AP'	Ordinate P'P
50	50.00	0.29	50.00	0.28	50.00	0.28
100	99.99	1.16	99.99	1.14	99.99	1.11
150	149.97	2.62	149.97	2.56	149.97	2.50
200	199.93	4.65	199.93	4.54	199.93	4.45
250	249.86	7.26	249.87	7.10	249.87	6.94
300	299.76	10.46	299.77	10.22	299.78	10.00
350	349.61	14.24	349.63	13.91	349.65	13.60
400	399.42	18.59	399.45	18.17	399.47	17.77
450	449.18	23.52	449.22	22.99	449.25	22.48
500	498.87	29.04	498.92	28.38	498.97	27.75
550	548.51	35.13	548.57	34.33	548.63	33.57
600	598.05	41.79	598.15	40.85	598.22	39.94
650	647.53	49.03	647.64	47.92	647.74	46.86
700	696.91	56.85	697.05	55.56	697.18	54.33
750	746.20	65.24	746.37	63.77	746.53	62.36
800	795.39	74.20	795.60	72.53	795.79	70.92
850	844.48	83.74	844.72	81.85	844.95	80.04
900	893.44	93.84	893.74	91.72	894.01	89.70
950	.	.	.	.	942.96	99.91

Bogen-länge AP	R = 4600		R = 4700		R = 4800	
	Abszisse AP'	Ordinate P'P	Abszisse AP'	Ordinate P'P	Abszisse AP'	Ordinate P'P
50	50.00	0.27	50.00	0.27	50.00	0.26
100	99.99	1.09	99.99	1.06	99.99	1.04
150	149.97	2.45	149.97	2.39	149.98	2.34
200	199.94	4.34	199.94	4.25	199.94	4.17
250	249.88	6.79	249.88	6.64	249.89	6.51
300	299.79	9.78	299.80	9.57	299.80	9.37
350	349.66	13.31	349.68	13.03	349.69	12.75
400	399.50	17.38	399.52	17.01	399.54	16.66
450	449.28	21.99	449.31	21.53	449.34	21.07
500	499.02	27.15	499.06	26.57	499.10	26.02

Zahlentafel II.

Bogenlänge AP	R = 4600		R = 4700		R = 4800	
	Abszisse AP'	Ordinate P'P	Abszisse AP'	Ordinate P'P	Abszisse AP'	Ordinate P'P
550	548.69	32.84	548.75	32.14	548.80	31.48
600	598.30	39.08	598.37	38.25	598.44	37.45
650	647.84	45.85	647.93	44.88	648.02	43.94
700	697.30	53.16	697.42	52.03	697.52	50.95
750	746.68	61.01	746.82	59.71	746.95	58.47
800	795.97	69.39	796.14	67.92	796.30	66.51
850	845.17	78.31	845.37	76.65	845.56	75.06
900	894.27	87.76	894.51	85.91	894.74	84.13
950	943.26	97.75	943.54	95.68	943.81	93.70

Bogenlänge AP	R = 4900		R = 5000		R = 5200	
	Abszisse AP'	Ordinate P'P	Abszisse AP'	Ordinate P'P	Abszisse AP'	Ordinate P'P
100	99.99	1.02	99.99	1.00	99.99	0.96
200	199.94	4.08	199.95	4.00	199.95	3.85
300	299.81	9.18	299.82	9.00	299.83	8.65
400	399.56	16.31	399.57	15.99	399.61	15.37
500	499.13	25.49	499.17	24.98	499.23	24.02
600	598.50	36.69	598.56	35.96	598.67	34.58
700	697.62	49.91	697.72	48.92	697.89	47.04
800	796.45	65.16	796.59	63.86	796.85	61.42
900	894.95	82.42	895.15	80.78	895.51	77.69
1000	.	.	993.35	99.67	993.85	95.86

Bogenlänge AP	R = 5400		R = 5600		R = 5800	
	Abszisse AP'	Ordinate P'P	Abszisse AP'	Ordinate P'P	Abszisse AP'	Ordinate P'P
100	99.99	0.92	100.00	0.89	100.00	0.86
200	199.95	3.70	199.96	3.57	199.96	3.45
300	299.85	8.33	299.86	8.03	299.87	7.76
400	399.63	14.81	399.66	14.28	399.68	13.79
500	499.29	23.13	499.34	22.31	499.38	21.54

R = 4900 bis R = 7000.

Bogen-länge AP	R = 5400		R = 5600		R = 5800	
	Abszisse AP'	Ordinate P'P	Abszisse AP'	Ordinate P'P	Abszisse AP'	Ordinate P'P
600	598.77	33.29	598.85	32.11	598.93	31.01
700	698.04	45.31	698.18	43.69	698.30	42.19
800	797.08	59.15	797.28	57.05	797.47	55.08
900	895.74	74.83	896.13	72.17	896.39	69.69
1000	994.29	92.33	994.69	89.05	995.05	85.99

Bogen-länge AP	R = 6000		R = 6200		R = 6400	
	Abszisse AP'	Ordinate P'P	Abszisse AP'	Ordinate P'P	Abszisse AP'	Ordinate P'P
100	100.00	0.83	100.00	0.81	100.00	0.78
200	199.96	3.33	199.97	3.23	199.97	3.12
300	299.87	7.50	299.88	7.26	299.89	7.03
400	399.70	13.33	399.72	12.90	399.74	12.50
500	499.42	20.82	499.46	20.15	499.49	19.52
600	599.00	29.97	599.06	29.01	599.12	28.10
700	698.41	40.79	698.51	39.47	698.60	38.24
800	797.63	53.26	797.78	51.54	797.92	49.93
900	896.63	67.37	896.84	65.21	897.04	63.18
1000	995.38	83.14	995.67	80.47	995.94	77.97
1100	.	.	1094.24	97.32	1094.59	94.30

Bogen-länge AP	R = 6600		R = 6800		R = 7000	
	Abszisse AP'	Ordinate P'P	Abszisse AP'	Ordinate P'P	Abszisse AP'	Ordinate P'P
100	100.00	0.76	100.00	0.74	100.00	0.71
200	199.97	3.03	199.97	2.94	199.97	2.86
300	299.90	6.82	299.90	6.62	299.91	6.43
400	399.75	12.12	399.77	11.76	399.78	11.43
500	499.52	18.93	499.55	18.37	499.58	17.85
600	599.17	27.25	599.22	26.45	599.27	25.71
700	698.69	37.09	698.76	36.00	698.83	34.97
800	798.04	48.43	798.16	47.00	798.26	45.66

Zahlentafel II.

Bogen-länge AP	R = 6600		R = 6800		R = 7000	
	Abszisse AP'	Ordinate P'P	Abszisse AP'	Ordinate P'P	Abszisse AP'	Ordinate P'P
900	897.22	61.27	897.37	59.47	897.52	57.78
1000	996.19	75.62	996.42	73.40	996.60	71.31
1100	1094.91	91.46	1095.21	88.78	1095.48	86.25

Bogen-länge AP	R = 7200		R = 7400		R = 7600	
	Abszisse AP'	Ordinate P'P	Abszisse AP'	Ordinate P'P	Abszisse AP'	Ordinate P'P
100	100.00	0.69	100.00	0.68	100.00	0.66
200	199.97	2.78	199.98	2.70	199.98	2.63
300	299.91	6.25	299.92	6.08	299.92	5.92
400	399.79	11.11	399.81	10.81	399.82	10.52
500	499.60	17.35	499.62	16.89	499.64	16.44
600	599.31	24.99	599.34	24.31	599.38	23.67
700	698.88	34.00	698.96	33.08	699.03	32.21
800	798.35	44.40	798.44	43.20	798.53	42.07
900	897.66	56.18	897.78	54.66	897.90	53.23
1000	996.79	69.34	996.96	67.46	997.12	65.69
1100	1095.71	83.86	1095.95	81.61	1096.16	79.47
1200	1194.45	99.77	1194.75	97.08	1195.02	94.54

Bogen-länge AP	R = 7800		R = 8000		R = 8200	
	Abszisse AP'	Ordinate P'P	Abszisse AP'	Ordinate P'P	Abszisse AP'	Ordinate P'P
100	100.00	0.64	100.00	0.62	100.00	0.61
200	199.98	2.56	199.98	2.50	199.98	2.44
300	299.93	5.77	299.93	5.62	299.93	5.49
400	399.83	10.25	399.83	10.00	399.84	9.75
500	499.66	16.02	499.67	15.62	499.69	15.24
600	599.41	23.06	599.44	22.48	599.46	21.94
700	699.06	31.39	699.11	30.61	699.15	29.81

R = 7200 bis R = 9400.

Bogenlänge AP	R = 7800		R = 8000		R = 8200	
	Abszisse AP'	Ordinate P'P	Abszisse AP'	Ordinate P'P	Abszisse AP'	Ordinate P'P
800	798.60	40.99	798.67	39.97	798.73	38.99
900	898.00	51.87	898.10	50.57	898.19	49.34
1000	997.26	64.01	997.40	62.42	997.52	60.90
1100	1096.36	77.44	1096.54	75.51	1096.71	73.67
1200	1195.27	92.13	1195.51	89.83	1195.72	87.65

Bogenlänge AP	R = 8400		R = 8600		R = 8800	
	Abszisse AP'	Ordinate P'P	Abszisse AP'	Ordinate P'P	Abszisse AP'	Ordinate P'P
100	100.00	0.59	100.00	0.58	100.00	0.57
200	199.98	2.38	199.98	2.33	199.98	2.27
300	299.94	5.36	299.94	5.23	299.94	5.11
400	399.85	9.53	399.86	9.30	399.86	9.09
500	499.70	14.88	499.72	14.53	499.73	14.20
600	599.49	21.42	599.51	20.92	599.54	20.45
700	699.19	29.15	699.23	28.47	699.26	27.83
800	798.79	38.07	798.85	37.18	798.90	36.34
900	898.28	48.17	898.36	47.05	898.43	45.98
1000	997.64	59.46	997.75	58.07	997.85	56.76
1100	1096.86	71.92	1097.02	70.25	1097.14	68.66
1200	1195.92	85.57	1196.11	83.58	1196.29	81.69
1300	.	.	1295.05	98.07	1295.28	95.85

Bogenlänge AP	R = 9000		R = 9200		R = 9400	
	Abszisse AP'	Ordinate P'P	Abszisse AP'	Ordinate P'P	Abszisse AP'	Ordinate P'P
100	100.00	0.55	100.00	0.54	100.00	0.53
200	199.98	2.22	199.98	2.17	199.99	2.13
300	299.94	5.00	299.95	4.89	299.95	4.79
400	399.87	8.90	399.87	8.68	399.88	8.51
500	499.74	13.89	499.75	13.58	499.76	13.29

R = 9600 bis R = 10000.

Bogen-länge AP	R = 9000		R = 9200		R = 9400	
	Abszisse AP′	Ordinate P′P	Abszisse AP′	Ordinate P′P	Abszisse AP′	Ordinate P′P
600	599.56	20.00	599.58	19.56	599.59	19.14
700	699.30	27.21	699.33	26.62	699.35	26.05
800	798.95	35.53	798.99	34.76	799.03	34.02
900	898.50	44.96	898.57	43.99	898.63	43.05
1000	997.94	55.50	998.03	54.29	998.12	53.14
1100	1097.26	67.14	1097.38	65.68	1097.49	64.29
1200	1196.45	79.88	1196.60	78.15	1196.74	76.49
1300	1295.48	93.73	1295.68	91.70	1295.86	89.75

Bogen-länge AP	R = 9600		R = 9800		R = 10000	
	Abszisse AP′	Ordinate P′P	Abszisse AP′	Ordinate P′P	Abszisse AP′	Ordinate P′P
100	100.00	0.52	100.00	0.51	100.00	0.50
200	199.99	2.08	199.99	2.04	199.99	2.00
300	299.95	4.69	299.95	4.59	299.95	4.50
400	399.88	8.33	399.89	8.16	399.89	8.00
500	499.77	13.02	499.78	12.74	499.79	12.50
600	599.61	18.74	599.62	18.36	599.64	17.99
700	699.38	25.51	699.40	24.99	699.43	24.49
800	799.07	33.31	799.11	32.63	799.15	31.98
900	898.68	42.15	898.74	41.30	898.79	40.47
1000	998.19	52.04	998.27	50.98	998.33	49.96
1100	1097.60	62.95	1097.69	61.67	1097.78	60.44
1200	1196.88	74.90	1197.00	73.38	1197.12	71.91
1300	1296.03	87.89	1296.19	86.10	1296.34	84.38
1400	.	.	1395.24	99.83	1395.43	97.84

Zahlentafel III

enthaltend die Werte des Zentriwinkels für die Bogenlängen 1 bis 9 bei allen in der Zahlentafel II vorkommenden Radien in Graden, Minuten und Sekunden des (in 360 Grade geteilten) Kreises.

Zahlentafel III.

Halb-messer R =	Größe des Zentriwinkels			
	1	2	3	4
	° ′ ″	° ′ ″	° ′ ″	° ′ ″
20	2 51 53.24	5 43 46.48	8 35 39.72	11 27 32.96
21	2 43 42.13	5 27 24.27	8 11 6.40	10 54 48.53
22	2 36 15.67	5 12 31.35	7 48 47.02	10 25 2.69
23	2 29 28.04	4 58 56.07	7 28 24.11	9 57 52.14
24	2 23 14.37	4 46 28.73	7 9 43.10	9 32 57.47
25	2 17 30.59	4 35 1.18	6 52 31.78	9 10 2.37
26	2 12 13.26	4 24 26.52	6 36 39.79	8 48 53.05
27	2 7 19.44	4 14 38.87	6 21 58.31	8 29 17.75
28	2 2 46.60	4 5 33.20	6 8 19.80	8 11 6.40
29	1 58 32.58	3 57 5.16	5 55 37.74	7 54 10.32
30	1 54 35.49	3 49 10.99	5 43 46.48	7 38 21.97
31	1 50 53.70	3 41 47.41	5 32 41.11	7 23 34.81
32	1 47 25.78	3 34 51.55	5 22 17.33	7 9 43.10
33	1 44 10.45	3 28 20.90	5 12 31.34	6 56 41.79
34	1 41 6.61	3 22 13.22	5 3 19.84	6 44 26.45
35	1 38 13.28	3 16 26.56	4 54 39.84	6 32 53.12
36	1 35 29.58	3 10 59.16	4 46 28.73	6 21 58.31
37	1 32 54.72	3 5 49.45	4 38 44.17	6 11 38.90
38	1 30 28.02	3 0 56.04	4 31 24.06	6 1 52.08
39	1 28 8.84	2 56 17.68	4 24 26.52	5 52 35.36
40	1 25 56.62	2 51 53.24	4 17 49.86	5 43 46.48
41	1 23 50.85	2 47 41.70	4 11 32.55	5 35 23.39
42	1 21 51.07	2 43 42.13	4 5 33.20	5 27 24.27
43	1 19 56.86	2 39 53.71	3 59 50.57	5 19 47.42
44	1 18 7.84	2 36 15.67	3 54 23.51	5 12 31.35
45	1 16 23.66	2 32 47.32	3 49 10.99	5 5 34.65
46	1 14 44.02	2 29 28.04	3 44 12.05	4 58 56.07
47	1 13 8.61	2 26 17.23	3 39 25.84	4 52 34.45
48	1 11 37.18	2 23 14.37	3 34 51.55	4 46 28.73
49	1 10 9.49	2 20 18.97	3 30 28.46	4 40 37.94
50	1 8 45.30	2 17 30.59	3 26 15.89	4 35 1.18

Zentriwinkel für R = 20 bis R = 50

Halb- messer R =	für die Bogenlänge:				
	5	6	7	8	9
	° ′ ″	° ′ ″	° ′ ″	° ′ ″	° ′ ″
20	14 19 26.20	17 11 19.44	20 3 12.68	22 55 5.92	25 46 59.16
21	13 38 30.67	16 22 12.80	19 5 54.94	21 49 37.07	24 33 19.20
22	13 1 18.36	15 37 34.04	18 13 49.71	20 50 5.38	23 16 21.06
23	12 27 20.18	14 56 48.21	17 26 16.25	19 55 44.28	22 25 12.32
24	11 56 11.83	14 19 26.20	16 42 30.57	19 5 54.93	21 29 9.30
25	11 27 32.96	13 45 3.55	16 2 34.14	18 20 4.74	20 37 35.33
26	11 1 6.31	13 13 19.57	15 25 32.83	17 37 46.09	19 49 59.36
27	10 36 37.19	12 43 56.62	14 51 16.06	16 58 35.50	19 5 54.94
28	10 13 53.00	12 16 39.60	14 19 26.20	16 22 12.80	18 24 59.40
29	9 52 42.90	11 51 15.48	13 49 48.06	15 48 20.64	17 46 53.22
30	9 32 57.47	11 27 32.96	13 22 8.46	15 16 43.95	17 11 19.44
31	9 14 28.52	11 5 22.22	12 56 15.92	14 47 9.63	16 38 3.33
32	8 57 8.88	10 44 34.65	12 32 0.43	14 19 26.20	16 6 51.98
33	8 40 52.24	10 25 2.69	12 9 13.14	13 53 23.59	15 37 34.04
34	8 25 33.06	10 6 39.67	11 47 46.28	13 28 52.89	15 6 59.50
35	8 11 6.40	9 49 19.68	11 27 32.96	13 5 46.24	14 43 59.52
36	7 57 27.89	9 32 57.47	11 8 27.05	12 43 56.62	14 19 26.20
37	7 44 33.62	9 17 28.35	10 50 23.07	12 23 17.80	13 56 12.52
38	7 32 20.11	9 2 48.13	10 33 16.15	12 3 44.17	13 34 12.19
39	7 20 44.21	8 48 53.05	10 17 1.89	11 45 10.73	13 13 19.57
40	7 9 43.10	8 35 29.72	10 1 36.34	11 27 32.96	12 53 29.58
41	6 59 14.24	8 23 5.09	9 46 55.93	11 10 46.79	12 34 37.64
42	6 49 15.33	8 11 6.40	9 32 57.47	10 54 48.53	12 16 39.60
43	6 39 44.28	7 59 41.14	9 19 37.99	10 39 34.85	11 59 31.70
44	6 30 39.18	7 48 46.02	9 6 54.86	10 25 2.69	11 43 10.53
45	6 21 58.31	7 38 21.97	8 54 45.64	10 11 9.30	11 27 32.96
46	6 13 40.09	7 28 24.11	8 43 8.12	9 57 52.14	11 12 36.16
47	6 5 43.06	7 18 51.68	8 32 0.29	9 45 8.90	10 58 17.52
48	5 58 5.92	7 9 43.11	8 21 20.28	9 32 57.47	10 44 34.65
49	5 50 47.43	7 0 56.92	8 11 6.40	9 21 15.89	10 31 25.37
50	5 43 46.48	6 52 31.78	8 1 17.08	9 10 2.37	10 18 47.67

Zahlentafel III.

Halb-messer R =	Größe des Zentriwinkels			
	1	2	3	4
	° ′ ″	° ′ ″	° ′ ″	° ′ ″
50	1 8 45.30	2 17 30.59	3 26 15.89	4 35 1.18
52	1 6 6.63	2 12 13.26	3 18 19.89	4 24 26.52
54	1 3 39.72	2 7 19.44	3 10 59.16	4 14 38.87
56	1 1 23.30	2 2 46.60	3 4 9.90	4 5 33.20
58	0 59 16.29	1 58 32.58	2 57 48.87	3 57 5.16
60	0 57 17.75	1 54 35.49	2 51 53.24	3 49 10.99
62	0 55 26.85	1 50 53.70	2 46 20.56	3 41 47.41
64	0 53 42.89	1 47 25.78	2 41 8.66	3 34 51.55
66	0 52 5.22	1 44 10.45	2 36 15.67	3 28 20.90
68	0 50 33.31	1 41 6.61	2 31 39.92	3 22 13.22
70	0 49 6.64	1 38 13.28	2 27 19.92	3 16 26.56
72	0 47 44.79	1 35 29.58	2 23 14.37	3 10 59.16
74	0 46 27.36	1 32 54.72	2 19 22.09	3 5 49.45
76	0 45 14.01	1 30 28.02	2 15 42.03	3 0 56.04
78	0 44 4.42	1 28 8.84	2 12 13.26	2 56 17.68
80	0 42 58.31	1 25 56.62	2 8 54.93	2 51 53.24
82	0 41 55.42	1 23 50.85	2 5 46.27	2 47 41.70
84	0 40 55.53	1 21 51.07	2 2 46.60	2 43 42.13
86	0 39 58.43	1 19 56.86	1 59 55.28	2 39 53.71
88	0 39 3.92	1 18 7.84	1 57 11.75	2 36 15.67
90	0 38 11.83	1 16 23.66	1 54 35.49	2 32 47.32
92	0 37 22.01	1 14 44.02	1 52 6.03	2 29 28.03
94	0 36 34.31	1 13 8.61	1 49 42.92	2 26 17.23
96	0 35 48.59	1 11 37.18	1 47 25.78	2 23 14.37
98	0 35 4.74	1 10 9.49	1 45 14.23	2 20 18.97
100	0 34 22.65	1 8 45.30	1 43 7.94	2 17 30.59

Zentriwinkel für R = 50 bis R = 100.

Halb-messer R =	für die Bogenlänge:				
	5	6	7	8	9
	° ′ ″	° ′ ″	° ′ ″	° ′ ″	° ′ ″
50	5 43 46.48	6 52 31.78	8 1 17.08	9 10 2.37	10 18 47.67
52	5 30 33.15	6 36 39.79	7 42 46.42	8 48 53.05	9 54 59.68
54	5 18 18.59	6 21 58.31	7 25 38.03	8 29 17.75	9 32 57.47
56	4 6 56.50	6 8 19.80	7 9 43.10	8 11 6.40	9 12 29.70
58	5 56 21.45	5 55 37.74	6 54 54.03	7 54 10.32	8 53 26.61
60	4 46 28.73	5 43 46.48	6 41 4.23	7 38 21.97	8 35 39.72
62	4 37 14.26	5 32 41.11	6 28 7.96	7 23 34.81	8 19 1.67
64	4 28 34.44	5 22 17.33	6 16 0.21	7 9 43.10	8 3 25.99
66	4 20 26.12	5 12 31.35	6 4 36.57	6 56 41.79	7 48 47.02
68	4 12 46.53	5 3 19.84	5 53 53.14	6 44 26.45	7 34 59.75
70	4 5 33.20	4 54 39.84	5 43 46.48	6 32 53.12	7 21 59.76
72	3 58 43.94	4 46 28.73	5 34 13.52	6 21 58.31	7 9 43.10
74	3 52 16.81	4 38 44.17	5 25 11.53	6 11 38.90	6 58 6.26
76	3 46 10.05	4 31 24.06	5 16 38.07	6 1 52.08	6 47 6.10
78	3 40 22.10	4 24 26.52	5 8 30.94	5 52 35.36	6 36 39.79
80	3 34 51.55	4 17 49.86	5 0 48.17	5 43 46.48	6 26 44.79
82	3 29 37.12	4 11 32.55	4 53 27.97	5 35 23.39	6 17 18.82
84	3 24 37.67	4 5 33.20	4 46 28.73	5 27 24.27	6 8 19.80
86	3 19 52.14	3 59 50.57	4 39 49.00	5 19 47.42	5 59 45.85
88	3 15 19.59	3 54 23.51	4 33 27.43	5 12 31.35	5 51 35.26
90	3 10 59.16	3 49 10.99	4 27 22.82	5 5 34.65	5 43 46.48
92	3 6 50.04	3 44 12.05	4 21 34.06	4 58 56.07	5 36 18.08
94	3 2 51.53	3 39 25.84	4 16 0.14	4 52 34.25	5 29 8.76
96	2 59 2.96	3 34 51.55	4 10 40.14	4 46 28.73	5 22 17.33
98	2 55 23.71	3 30 28.46	4 5 33.20	4 40 37.94	5 15 42.69
100	2 51 53.24	3 26 15.89	4 0 38.54	4 35 1.18	5 9 23.83

Zahlentafel III.

Halbmesser $R =$	Größe des Zentriwinkels			
	1	2	3	4
	° ′ ″	° ′ ″	° ′ ″	° ′ ″
100	0 34 22.65	1 8 45.30	1 43 7.94	2 17 30.59
110	0 31 23.13	1 2 46.27	1 34 9.40	2 5 32.54
120	0 28 38.87	0 57 17.75	1 25 56.62	1 54 35.49
130	0 26 26.65	0 52 53.30	1 19 19.96	1 45 46.61
140	0 24 33.32	0 49 6.64	1 13 39.96	1 38 13.28
150	0 22 55.10	0 45 50.20	1 8 45.30	1 31 40.39
160	0 21 29.16	0 42 58.31	1 4 27.47	1 25 56.62
170	0 20 13.32	0 40 26.64	1 0 39.97	1 20 53.29
180	0 19 5.92	0 38 11.83	0 57 17.75	1 16 23.66
190	0 18 5.60	0 36 11.21	0 54 16.81	1 12 22.42
200	0 17 11.32	0 34 22.65	0 51 33.97	1 8 45.30
210	0 16 22.21	0 32 44.43	0 49 6.64	1 5 28.85
220	0 15 37.57	0 31 15.13	0 46 52.70	1 2 30.27
230	0 14 56.80	0 29 53.61	0 44 50.41	0 59 47.21
240	0 14 19.44	0 28 38.87	0 42 58.31	0 57 17.75
250	0 13 45.06	0 27 30.12	0 41 15.18	0 55 0.24
260	0 13 13.33	0 26 26.65	0 39 39.98	0 52 53.30
270	0 12 43.94	0 25 27.89	0 38 11.83	0 50 55.77
280	0 12 16.66	0 24 33.32	0 36 49.98	0 49 6.64
290	0 11 51.26	0 23 42.52	0 35 33.77	0 47 25.03
300	0 11 27.55	0 22 55.10	0 34 22.65	0 45 50.20
310	0 11 5.37	0 22 10.74	0 33 16.11	0 44 21.48
320	0 10 44.58	0 21 29.16	0 32 13.73	0 42 58.31
330	0 10 25.04	0 20 50.09	0 31 15.13	0 41 40.18
340	0 10 6.66	0 20 13.32	0 30 19.98	0 40 26.64
350	0 9 49.33	0 19 38.66	0 29 27.98	0 39 17.31
360	0 9 32.96	0 19 5.92	0 28 38.87	0 38 11.83
370	0 9 17.47	0 18 34.94	0 27 52.42	0 37 9.89
380	0 9 2.80	0 18 5.60	0 27 8.41	0 36 11.21
390	0 8 48.88	0 17 37.77	0 26 26.65	0 35 15.54
400	0 8 35.66	0 17 11.32	0 25 46.99	0 34 22.65

Zentriwinkel für R = 100 bis R = 400.

Halb- messer R =	für die Bogenlänge:				
	5	6	7	8	9
	° ′ ″	° ′ ″	° ′ ″	° ′ ″	° ′ ″
100	2 51 53.24	3 26 15.89	4 0 38.54	4 35 1.18	5 9 23.83
110	2 36 55.67	3 8 18.81	3 39 41.94	4 11 5.08	4 42 28.21
120	2 23 14.37	2 51 53.24	3 20 32.11	3 49 10.99	4 17 49.86
130	2 12 13.26	2 38 39.91	3 5 6.57	3 31 33.22	3 57 59.87
140	2 2 46.60	2 27 19.92	2 51 53.24	3 16 26.56	3 40 59.88
150	1 54 35.49	2 17 30.59	2 40 25.69	3 3 20.79	3 26 10.89
160	1 47 25.78	2 8 54.93	2 30 24.09	2 51 53.24	3 13 22.40
170	1 41 6.61	2 1 19.93	2 21 33.26	2 41 46.58	3 1 59.90
180	1 35 29.58	1 54 35.49	2 13 41.41	2 32 47.32	2 51 53.24
190	1 30 28.02	1 48 33.63	2 6 39.23	2 24 44.83	2 42 50.44
200	1 25 56.62	1 43 6.94	2 0 19.27	2 17 30.59	2 34 41.92
210	1 21 51.07	1 38 15.28	1 54 35.49	2 10 57.71	2 27 19.92
220	1 18 7.84	1 33 45.40	1 49 22.97	2 5 0.54	2 20 38.11
230	1 14 44.02	1 29 40.82	1 44 37.62	1 59 34.43	2 14 31.23
240	1 11 37.18	1 25 56.62	1 40 16.06	1 54 35.49	2 8 54.93
250	1 8 45.30	1 22 30.36	1 36 15.41	1 50 0.47	2 3 45.53
260	1 6 6.63	1 19 19.96	1 32 33.28	1 45 46.61	1 58 59.94
270	1 3 39.72	1 16 23.66	1 29 7.61	1 41 51.55	1 54 35.49
280	1 1 23.30	1 13 39.96	1 25 56.62	1 38 13.28	1 50 29.94
290	0 59 16.29	1 11 7.55	1 22 58.81	1 34 50.06	1 46 41.32
300	0 57 17.75	1 8 45.30	1 20 12.85	1 31 40.39	1 43 7.94
310	0 55 26.85	1 6 32.22	1 17 37.59	1 28 42.96	1 39 48.33
320	0 53 42.89	1 4 27.47	1 15 12.04	1 25 56.62	1 36 41.20
330	0 52 5.22	1 2 30.27	1 12 55.31	1 23 20.36	1 33 45.40
340	0 50 33.31	1 0 39.97	1 10 46.63	1 20 53.29	1 30 59.95
350	0 49 6.64	0 58 55.97	1 8 45.30	1 18 34.62	1 28 23.95
360	0 47 44.79	0 57 17.75	1 6 50.70	1 16 23.66	1 25 56.62
370	0 46 27.36	0 55 44.83	1 5 12.31	1 14 19.78	1 23 37.25
380	0 45 14.01	0 54 16.81	1 3 19.61	1 12 22.42	1 21 25.22
390	0 44 4.42	0 52 53.31	1 1 42.19	1 10 31.07	1 19 19.96
400	0 42 58.31	0 51 33.97	1 0 9.63	1 8 45.30	1 17 20.96

Zahlentafel III.

Halb-messer R =	Größe des Zentriwinkels			
	1	2	3	4
	° ′ ″	° ′ ″	° ′ ″	° ′ ″
400	0 8 35.66	0 17 11.32	0 25 46.99	0 34 22.65
410	0 8 23.08	0 16 46.17	0 25 9.25	0 33 32.34
420	0 8 11.11	0 16 22.21	0 24 33.32	0 32 44.43
430	0 7 59.69	0 15 59.37	0 23 59.06	0 31 58.74
440	0 7 48.78	0 15 37.57	0 23 26.35	0 31 15.13
450	0 7 38.37	0 15 16.73	0 22 55.10	0 30 33.46
460	0 7 28.40	0 14 56.80	0 22 25.21	0 29 53.61
470	0 7 18.86	0 14 37.72	0 21 56.58	0 29 15.45
480	0 7 9.72	0 14 19.44	0 21 29.15	0 28 38.87
490	0 7 0.95	0 14 1.90	0 21 2.84	0 28 3.79
500	0 6 52.53	0 13 45.06	0 20 37.59	0 27 30.12
520	0 6 36.66	0 13 13.33	0 19 49.99	0 26 26.65
540	0 6 21.97	0 12 43.94	0 19 5.92	0 25 27.89
560	0 6 8.33	0 12 16.66	0 18 24.99	0 24 33.32
580	0 5 55.63	0 11 51.26	0 17 46.89	0 23 42.52
600	0 5 43.77	0 11 27.55	0 17 11.32	0 22 55.10
620	0 5 32.69	0 11 5.37	0 16 38.06	0 22 10.74
640	0 5 22.29	0 10 44.58	0 16 6.87	0 21 29.16
660	0 5 12.52	0 10 25.04	0 15 37.57	0 20 50.09
680	0 5 3.33	0 10 6.66	0 15 9.99	0 20 13.32
700	0 4 54.66	0 9 49.33	0 14 43.99	0 19 38.66
720	0 4 46.48	0 9 32.96	0 14 19.44	0 19 5.92
740	0 4 38.74	0 9 17.47	0 13 56.21	0 18 34.94
760	0 4 31.40	0 9 2.80	0 13 34.20	0 18 5.60
780	0 4 24.44	0 8 48.88	0 13 13.33	0 17 37.77
800	0 4 17.83	0 8 35.66	0 12 53.49	0 17 11.32
820	0 4 11.54	0 8 23.08	0 12 34.63	0 16 46.17
840	0 4 5.50	0 8 11.01	0 12 16.51	0 16 22.01
860	0 3 59.84	0 7 59.69	0 11 59.53	0 15 59.37
880	0 3 54.39	0 7 48.78	0 11 43.18	0 15 37.57
900	0 3 49.18	0 7 38.37	0 11 27.55	0 15 16.73

Zentriwinkel für R = 400 bis R = 900.

Halbmesser R=	für die Bogenlänge:				
	5	6	7	8	9
	° ′ ″	° ′ ″	° ′ ″	° ′ ″	° ′ ″
400	0 42 58.31	0 51 35.97	1 0 9.63	1 8 45.30	1 17 20.96
410	0 41 55.42	0 50 18.51	0 58 41.59	1 7 4.69	1 15 27.76
420	0 40 55.53	0 49 6.64	0 57 17.75	1 5 28.85	1 13 39.96
430	0 39 58.43	0 47 58.11	0 55 75.80	1 3 57.48	1 11 57.17
440	0 39 3.92	0 46 52.70	0 54 41.48	1 2 30.27	1 10 19.05
450	0 38 11.83	0 45 50.20	0 53 28.56	1 1 6.93	1 8 45.30
460	0 37 22.01	0 44 50.41	0 52 18.81	0 59 47.21	1 7 15.62
470	0 36 34.31	0 43 53.17	0 51 12.03	0 58 30.89	1 5 49.75
480	0 35 48.59	0 42 58.31	0 50 8.03	0 57 17.75	1 4 27.47
490	0 35 4.74	0 42 5.69	0 49 6.64	0 56 7.59	1 3 8.54
500	0 34 22.65	0 41 15.18	0 48 7.71	0 55 0.24	1 1 52.77
520	0 33 3.32	0 39 39.98	0 46 16.64	0 52 53.30	0 59 29.97
540	0 31 49.86	0 38 11.83	0 44 33.80	0 50 55.77	0 57 17.75
560	0 30 41.65	0 36 49.98	0 42 58.31	0 49 6.64	0 55 14.97
580	0 29 38.14	0 35 33.77	0 41 29.40	0 47 25.03	0 53 20.66
600	0 28 38.87	0 34 22.65	0 40 6.42	0 45 50.20	0 51 33.97
620	0 27 43.43	0 33 16.11	0 38 48.80	0 44 21.48	0 49 54.17
640	0 26 51.44	0 32 13.73	0 37 36.02	0 42 58.31	0 48 20.60
660	0 26 2.61	0 31 15.13	0 36 27.66	0 41 40.18	0 46 52.70
680	0 25 16.65	0 30 19.98	0 35 23.31	0 40 26.64	0 45 29.97
700	0 24 33.32	0 29 27.98	0 34 22.65	0 39 17.31	0 44 11.98
720	0 23 52.39	0 28 38.87	0 33 25.35	0 38 11.83	0 42 58.31
740	0 23 13.68	0 27 52.42	0 32 31.15	0 37 9.89	0 41 48.63
760	0 22 37.01	0 27 8.41	0 31 39.81	0 36 11.21	0 40 42.61
780	0 22 2.21	0 26 26.65	0 30 51.09	0 35 15.54	0 39 39.98
800	0 21 29.16	0 25 46.98	0 30 4.82	0 34 22.65	0 38 40.48
820	0 20 57.71	0 25 9.25	0 29 20.80	0 33 32.34	0 37 43.88
840	0 20 27.52	0 24 33.02	0 28 38.52	0 32 44.02	0 36 49.53
860	0 19 59.21	0 23 59.06	0 27 58.90	0 31 58.74	0 35 58.59
880	0 19 31.96	0 23 26.35	0 27 20.74	0 31 15.13	0 35 9.53
900	0 19 5.92	0 22 55.10	0 26 44.28	0 30 33.46	0 34 22.65

Zahlentafel III

| Halb-messer R = | Größe des Zentriwinkels ||||
	1	2	3	4
	° ′ ″	° ′ ″	° ′ ″	° ′ ″
900	0 3 49.18	0 7 38.37	0 11 27.55	0 15 16.73
920	0 3 44.20	0 7 28.40	0 11 12.60	0 14 56.80
940	0 3 39.43	0 7 18.86	0 10 58.29	0 14 37.72
960	0 3 34.86	0 7 9.72	0 10 44.58	0 14 19.44
980	0 3 30.47	0 7 0.95	0 10 31.42	0 14 1.90
1000	0 3 26.26	0 6 52.53	0 10 18.79	0 13 45.06
1100	0 3 8.31	0 6 16.63	0 9 24.94	0 12 33.25
1200	0 2 51.89	0 5 43.77	0 8 35.66	0 11 27.55
1300	0 2 38.67	0 5 17.33	0 7 56.00	0 10 34.66
1400	0 2 27.33	0 4 54.66	0 7 22.00	0 9 49.33
1500	0 2 17.51	0 4 35.02	0 6 52.53	0 9 10.04
1600	0 2 8.92	0 4 17.83	0 6 26.75	0 8 35.66
1700	0 2 1.33	0 4 2.66	0 6 4.00	0 8 5.33
1800	0 1 54.59	0 3 49.18	0 5 43.78	0 7 38.37
1900	0 1 48.56	0 3 37.12	0 5 25.68	0 7 14.24
2000	0 1 43.13	0 3 26.26	0 5 9.40	0 6 52.53
2100	0 1 38.22	0 3 16.44	0 4 54.66	0 6 32.89
2200	0 1 33.76	0 3 7.51	0 4 41.27	0 6 15.03
2300	0 1 29.68	0 2 59.36	0 4 29.04	0 5 58.72
2400	0 1 25.94	0 2 51.89	0 4 17.83	0 5 43.77
2500	0 1 22.51	0 2 45.01	0 4 7.52	0 5 30.02
2600	0 1 19.33	0 2 38.67	0 3 58.00	0 5 17.33
2700	0 1 16.39	0 2 32.79	0 3 49.18	0 5 5.58
2800	0 1 13.67	0 2 27.33	0 3 41.00	0 4 54.66
2900	0 1 11.13	0 2 22.25	0 3 33.38	0 4 44.50
3000	0 1 8.75	0 2 17.51	0 3 26.26	0 4 35.02
3100	0 1 6.54	0 2 13.07	0 3 19.61	0 4 26.15
3200	0 1 4.46	0 2 8.93	0 3 13.37	0 4 17.83
3300	0 1 2.50	0 2 5.01	0 3 7.51	0 4 10.02
3400	0 1 0.67	0 2 1.33	0 3 2.00	0 4 2.66
3500	0 0 58.93	0 1 57.87	0 2 56.80	0 3 55.73

Zentriwinkel für R = 900 bis R = 3500. 115

Halbmesser R =	für die Bogenlänge:				
	5	6	7	8	9
	° ′ ″	° ′ ″	° ′ ″	° ′ ″	° ′ ″
900	0 19 5.92	0 22 55.10	0 26 44.28	0 30 33.46	0 34 22.65
920	0 18 41.00	0 22 25.21	0 26 9.41	0 29 53.61	0 33 37.81
940	0 18 17.15	0 21 56.58	0 25 36.01	0 29 15.45	0 32 54.88
960	0 17 54.30	0 21 29.16	0 25 4.01	0 28 38.87	0 32 13.73
980	0 17 32.37	0 21 2.85	0 24 33.32	0 28 3.79	0 31 34.27
1000	0 17 11.32	0 20 37.59	0 24 3.85	0 27 30.12	0 30 56.38
1100	0 15 41.57	0 18 49.88	0 21 58.19	0 25 6.51	0 28 14.82
1200	0 14 19.44	0 17 11.32	0 20 3.21	0 22 55.10	0 25 46.99
1300	0 13 13.33	0 15 51.99	0 18 30.66	0 21 9.32	0 23 47.99
1400	0 12 16.66	0 14 43.99	0 17 11.32	0 19 38.66	0 22 5.99
1500	0 11 27.55	0 13 45.06	0 16 2.57	0 18 20.08	0 20 37.59
1600	0 10 44.58	0 12 53.49	0 15 2.41	0 17 11.32	0 19 20.24
1700	0 10 6.66	0 12 7.99	0 14 9.33	0 16 10.66	0 18 11.99
1800	0 9 32.96	0 11 27.55	0 13 22.14	0 15 16.73	0 17 11.32
1900	0 9 2.80	0 10 51.36	0 12 39.92	0 14 28.48	0 16 17.04
2000	0 8 35.66	0 10 18.79	0 12 1.93	0 13 45.06	0 15 28.19
2100	0 8 11.11	0 9 49.33	0 11 27.55	0 13 5.77	0 14 43.99
2200	0 7 48.78	0 9 22.54	0 10 56.30	0 12 30.05	0 14 3.81
2300	0 7 28.40	0 8 58.08	0 10 27.76	0 11 57.44	0 13 27.12
2400	0 7 9.72	0 8 35.66	0 10 1.61	0 11 27.55	0 12 53.49
2500	0 6 52.53	0 8 15.04	0 9 37.54	0 11 0.05	0 12 22.55
2600	0 6 36.66	0 7 56.00	0 9 15.33	0 10 34.66	0 11 53.99
2700	0 6 21.97	0 7 38.37	0 8 54.76	0 10 11.15	0 11 27.55
2800	0 6 8.33	0 7 22.00	0 8 35.66	0 9 49.33	0 11 2.99
2900	0 5 55.63	0 7 6.75	0 8 17.88	0 9 29.01	0 10 40.13
3000	0 5 43.77	0 6 52.53	0 8 1.28	0 9 10.04	0 10 18.79
3100	0 5 32.69	0 6 39.22	0 7 45.76	0 8 52.30	0 9 58.83
3200	0 5 22.29	0 6 26.75	0 7 31.20	0 8 35.66	0 9 40.12
3300	0 5 12.52	0 6 15.02	0 7 17.53	0 8 20.04	0 9 22.54
3400	0 5 3.33	0 6 4.00	0 7 4.66	0 8 5.33	0 9 6.00
3500	0 4 54.66	0 5 53.60	0 6 52.53	0 7 51.46	0 8 50.40

Zahlentafel III.

Halb- messer R =	Größe des Zentriwinkels			
	1	2	3	4
	° ′ ″	° ′ ″	° ′ ″	° ′ ″
3500	0 0 58.93	0 1 57.87	0 2 56.80	0 3 55.73
3600	0 0 57.30	0 1 54.59	0 2 51.89	0 3 49.18
3700	0 0 55.75	0 1 51.49	0 2 47.24	0 3 42.99
3800	0 0 54.28	0 1 48.56	0 2 42.84	0 3 37.12
3900	0 0 52.89	0 1 45.78	0 2 38.67	0 3 31.55
4000	0 0 51.57	0 1 43.13	0 2 34.70	0 3 26.26
4100	0 0 50.31	0 1 40.62	0 2 30.93	0 3 21.23
4200	0 0 49.11	0 1 38.22	0 2 27.33	0 3 16.44
4300	0 0 47.97	0 1 35.94	0 2 23.91	0 3 11.87
4400	0 0 46.88	0 1 33.76	0 2 20.64	0 3 7.51
4500	0 0 45.84	0 1 31.68	0 2 17.51	0 3 3.35
4600	0 0 44.84	0 1 29.68	0 2 14.52	0 2 59.36
4700	0 0 43.89	0 1 27.77	0 2 11.66	0 2 55.54
4800	0 0 42.97	0 1 25.94	0 2 8.92	0 2 51.89
4900	0 0 42.09	0 1 24.19	0 2 6.28	0 2 48.38
5000	0 0 41.25	0 1 22.51	0 2 3.76	0 2 45.01
5200	0 0 39.67	0 1 19.33	0 1 59.00	0 2 38.67
5400	0 0 38.20	0 1 16.39	0 1 54.59	0 2 32.79
5600	0 0 36.83	0 1 13.67	0 1 50.50	0 2 27.33
5800	0 0 35.56	0 1 11.13	0 1 46.69	0 2 22.25
6000	0 0 34.38	0 1 8.76	0 1 43.13	0 2 17.51
6200	0 0 33.27	0 1 6.54	0 1 39.81	0 2 13.07
6400	0 0 32.23	0 1 4.46	0 1 36.69	0 2 8.92
6600	0 0 31.25	0 1 2.50	0 1 33.76	0 2 5.01
6800	0 0 30.33	0 1 0.67	0 1 31.00	0 2 1.33
7000	0 0 29.47	0 0 58.93	0 1 28.40	0 1 57.87
7200	0 0 28.65	0 0 57.30	0 1 25.94	0 1 54.59
7400	0 0 27.87	0 0 55.75	0 1 23.62	0 1 51.49
7600	0 0 27.14	0 0 54.28	0 1 21.42	0 1 48.56
7800	0 0 26.44	0 0 52.89	0 1 19.33	0 1 45.78
8000	0 0 25.78	0 0 51.57	0 1 17.35	0 1 43.13

Zentriwinkel für R = 3500 bis R = 8000. 117

Halb-messer R =	für die Bogenlänge:				
	5	6	7	8	9
	° ′ ″	° ′ ″	° ′ ″	° ′ ″	° ′ ″
3500	0 4 54.66	0 5 53.60	0 6 52.53	0 7 51.46	0 8 50.40
3600	0 4 46.48	0 5 43.77	0 6 41.07	0 7 38.37	0 8 35.66
3700	0 4 38.74	0 5 34.48	0 6 30.23	0 7 25.98	0 8 17.72
3800	0 4 31.40	0 5 25.68	0 6 19.96	0 7 14.24	0 8 8.52
3900	0 4 24.44	0 5 17.33	0 6 10.22	0 7 3.11	0 7 56.00
4000	0 4 17.83	0 5 9.40	0 6 0.96	0 6 52.53	0 7 44.10
4100	0 4 11.54	0 5 1.85	0 5 52.16	0 6 42.47	0 7 32.78
4200	0 4 5.55	0 4 54.66	0 5 43.77	0 6 32.89	0 7 21.00
4300	0 3 59.84	0 4 47.81	0 5 35.78	0 6 23.75	0 7 11.72
4400	0 3 54.39	0 4 41.27	0 5 28.15	0 6 15.02	0 7 1.91
4500	0 3 49.18	0 4 35.02	0 5 20.86	0 6 6.69	0 6 52.53
4600	0 3 44.20	0 4 29.04	0 5 13.88	0 5 58.72	0 6 43.56
4700	0 3 39.43	0 4 23.32	0 5 7.20	0 5 51.09	0 6 34.98
4800	0 3 34.86	0 4 17.83	0 5 0.80	0 5 43.77	0 6 26.75
4900	0 3 30.47	0 4 12.57	0 4 54.66	0 5 36.76	0 6 18.85
5000	0 3 26.26	0 4 7.52	0 4 48.77	0 5 30.02	0 6 11.28
5200	0 3 18.33	0 3 58.00	0 4 37.66	0 5 16.33	0 5 57.00
5400	0 3 10.99	0 3 49.18	0 4 27.37	0 5 5.58	0 5 43.77
5600	0 3 4.17	0 3 41.00	0 4 17.83	0 4 54.66	0 5 31.50
5800	0 2 57.81	0 3 33.38	0 4 8.94	0 4 44.50	0 5 20.07
6000	0 2 51.89	0 3 26.26	0 4 0.64	0 4 35.02	0 5 9.40
6200	0 2 46.34	0 3 19.51	0 3 52.88	0 4 26.15	0 4 59.42
6400	0 2 41.14	0 3 13.37	0 3 45.60	0 4 17.83	0 4 50.06
6600	0 2 36.26	0 3 7.51	0 3 38.77	0 4 10.02	0 4 41.27
6800	0 2 31.67	0 3 2.00	0 3 32.33	0 4 2.66	0 4 33.00
7000	0 2 27.33	0 2 56.80	0 3 26.26	0 3 55.73	0 4 25.20
7200	0 2 23.24	0 2 51.89	0 3 20.54	0 3 49.18	0 4 17.83
7400	0 2 19.37	0 2 47.24	0 3 15.12	0 3 42.99	0 4 10.86
7600	0 2 15.70	0 2 42.84	0 3 9.98	0 3 37.12	0 4 4.26
7800	0 2 12.22	0 2 38.67	0 3 5.11	0 3 31.55	0 3 58.00
8000	0 2 8.92	0 2 34.70	0 3 0.48	0 3 26.26	0 3 52.05

Zahlentafel III.

Halb-messer R =	Größe des Zentriwinkels			
	1	2	3	4
	° ′ ″	° ′ ″	° ′ ″	° ′ ″
8000	0 0 25.78	0 0 51.57	0 1 17.35	0 1 43.13
8200	0 0 25.15	0 0 50.31	0 1 15.46	0 1 40.62
8400	0 0 24.56	0 0 49.11	0 1 13.67	0 1 38.22
8600	0 0 23.98	0 0 47.97	0 1 11.95	0 1 35.94
8800	0 0 23.44	0 0 46.88	0 1 10.32	0 1 33.76
9000	0 0 22.92	0 0 45.84	0 1 8.75	0 1 31.67
9200	0 0 22.42	0 0 44.84	0 1 7.26	0 1 29.68
9400	0 0 21.94	0 0 43.89	0 1 5.83	0 1 27.77
9600	0 0 21.49	0 0 42.97	0 1 4.46	0 1 25.94
9800	0 0 21.05	0 0 42.09	0 1 3.14	0 1 24.19
10000	0 0 20.63	0 0 41.25	0 1 1.88	0 1 22.51

Zentriwinkel für R = 8000 bis R = 10000.

Halb-messer R =	für die Bogenlänge:				
	5	6	7	8	9
	° ′ ″	° ′ ″	° ′ ″	° ′ ″	° ′ ″
8000	0 2 8.92	0 2 34.70	0 3 0.48	0 3 26.26	0 3 52.05
8200	0 2 5.77	0 2 30.93	0 2 56.08	0 3 21.23	0 3 46.39
8400	0 2 2.78	0 2 27.33	0 2 51.89	0 3 16.45	0 3 41.00
8600	0 1 59.92	0 2 23.91	0 2 47.89	0 3 11.87	0 3 35.86
8800	0 1 57.20	0 2 20.64	0 2 44.07	0 3 7.51	0 3 30.96
9000	0 1 54.59	0 2 17.51	0 2 40.43	0 3 3.35	0 3 26.26
9200	0 1 52.10	0 2 14.52	0 2 36.94	0 2 59.36	0 3 21.78
9400	0 1 49.72	0 2 11.66	0 2 33.60	0 2 55.54	0 3 17.49
9600	0 1 47.43	0 2 8.91	0 2 30.40	0 2 51.88	0 3 13.37
9800	0 1 45.24	0 2 6.28	0 2 27.33	0 2 48.38	0 3 9.43
10000	0 1 43.13	0 2 3.76	0 2 24.39	0 2 45.01	0 3 5.64

MIX
Papier aus verantwortungsvollen Quellen
Paper from responsible sources
FSC® C105338

If you have any concerns about our products,
you can contact us on
ProductSafety@springernature.com

In case Publisher is established outside the EU,
the EU authorized representative is:
**Springer Nature Customer Service Center GmbH
Europaplatz 3, 69115 Heidelberg, Germany**

Printed by Libri Plureos GmbH
in Hamburg, Germany